Des chats passant parmi les livres

Steinlen

行走在书中的猫

[法] 米歇尔·萨凯——著
吴思博——译

Des chats passant parmi les livres

MICHÈLE SACQUIN

中信出版集团 | 北京

图书在版编目（CIP）数据

行走在书中的猫 /（法）米歇尔·萨凯著；吴思博译. -- 北京：中信出版社，2019.7
ISBN 978-7-5217-0721-2

I. ①行… II. ①米… ②吴… III. ①猫一普及读物
IV. ① Q959.838-49

中国版本图书馆 CIP 数据核字（2019）第 109141 号

行走在书中的猫

著　　者：[法] 米歇尔·萨凯
译　　者：吴思博
出版发行：中信出版集团股份有限公司
（北京市朝阳区惠新东街甲 4 号富盛大厦 2 座　邮编　100029）
承 印 者：北京盛通印刷股份有限公司

开　　本：787mm × 1092mm 1/16　　印　　张：13.5　　字　　数：187 千字
版　　次：2019 年 7 月第 1 版　　印　　次：2019 年 7 月第 1 次印刷
京权图字：01-2018-3748　　广告经营许可证：京朝工商广字第 8087 号
书　　号：ISBN 978-7-5217-0721-2
定　　价：88.00 元

服务热线：400-600-8099
投稿邮箱：author@citicpub.comv

目录

推荐序一

猫与人类的关系可以追溯得很久远。按目前考古成果来看，大约有一万年的历史了。这一万年来，猫与人类若即若离，近时奉若神明，远时视为恶魔。时至今天，在世界任何一座城市中，都可以看到猫的身影，它们或游走于街巷，或懒散于家中，我行我素，自视清高。

这就是猫，一个由人类驯养、培育、改造的精灵。尽管现有猫的众多品种都是这两三百年来人类心血的结晶，但猫仍从内心保持着孤傲独立的品性，即便撒娇也会把握好分寸，保持着自尊。

这十分难得。人类驯养的两大宠物，猫与狗，性格截然不同，狗在意主人的尊严，而猫注重自己的尊严。这一习性维持得久了，人们就会赋予它们社会学属性，这是一种普遍的认知，东西方无异：狗的文学形象多诚实忠厚，猫则虚伪狡诈。至少在众多的寓言中，猫都替人类扮演了不甚光彩的角色。

这非常有意思。从欧洲文艺复兴初期起，猫就开始改变厄运，无论扮演什么角色，都已是人类关注的对象。它开始与狗平起平坐，进入人们的家庭生活，由捕鼠工具渐渐成为宠物。所有这些都被记录在不同的书籍之中，既有文字也有图画。某些时刻，猫为人类的行为与思想背负名声，负面为多，正面为少，这让聪明的猫情何以堪？

猫与人类的接触史有几个不可忽视的节点。最初对猫的驯养，于一万年前出现在塞浦路斯，这十分合情合理——有一只猫的遗骸温馨地陪伴着人类出土于塞浦路斯。因为塞浦路斯地处亚非欧三洲交界之处，而猫由于至今畏寒的特性，它的祖先源于非洲野猫是基本共识。第二个节点是古埃及人养猫。猫在古埃及地位极高，杀猫者如同杀人。猫在古埃及文明中是女神贝斯特，这距离今天将近五千年了，世界许多博物馆里都有古埃及猫神的形象，说明古埃及农业文明的成就——粮多需避鼠害。第三个节点可以具体说是 1598 年的英国曼彻斯特的首个猫展，这是猫作为宠物公开登上历史舞台。这是人类对自己以往无知的忏悔。度过欧洲中世纪的黑暗，猫也看到了光明，感觉到了温暖。从此猫的命运发生了根本性的转变，开始大量进入文学领域。

我们今天是没有那么多时间、精力翻阅古人的书了，但总有有心人愿意吃苦尽心，在浩如烟海的图书馆帮人们找出历史的痕迹，让人类对猫这一特定动物的情感再次展现，有爱有恨，有误解有忏悔。当四千年来各类不同角度有关猫的图画及文字被一并呈现给我们时，我们才知道文化积累的魅力。

这本书就是作者米歇尔·萨凯与译者吴思博的共同努力。在我的阅读经历中，读这类书会事半功倍，这其实就是作者的心思。书中处处留下了历史中有关猫的文化痕迹，比如1415年前后创作的《杜贝里公爵特雷斯描金日课经》中，我们可以看见一只白猫倚在主人身边对着炉火取暖，这说明猫的地位已提高至家庭成员，不再是单纯的捕鼠工具。到了18世纪，猫已经彻底变身为宠物，人们甚至把猫裹在襁褓里，其宗教含义和社会含义合一，于温情之中体现了人类文明的进步。

我自幼受父亲影响，十分喜欢动物。中年以后，爱猫尤甚。思来想去，可能是猫的个性和习性与中年以后的我吻合，所以猫在我的生活与工作中无处不在，我对猫的了解也逐步加深；又由于观复博物馆养了几十只猫，每天都有故事发生，让我觉得我有义务为猫多说几句。

猫是以人类生活的物质帮手出现于我们之中的，今天它却以人类的精神帮手大显才华。上苍在垂青人类的同时，同样垂青了猫，让猫行走于文明、文化、文学之中，构成了纷繁的大千世界。

是为序。

马未都

己亥初夏

推荐序二

我很荣幸能为这本书作序，但更多的是惭愧，与这本书里的猫儿们相比，显然吾皇（白茶的插画绘本中的主角）需要更多的成长和历练。当然，猫儿们完全不会在意我们想了什么，为它们做了什么。这样挺好，我愿意做一个侍奉它的“铲屎官”，“主子”在思考什么，这都不是我该在意的，我要做的就是爱它。这让我想起歌德的一首诗里讲到的：我爱你，与你无关。

感谢米歇尔·萨凯女士为人们带来的关于猫的前世今生。感谢她让我看到了数个世纪以来别的时空里关于猫的绘画作品和文献资料。很多时候，猫的生存状态也是人类文明进程的缩影。它们扮演过太多的角色，人类根据自己的想象赋予它们各种属性，有人要封它们为神，有人要烧掉它们的身躯辟邪。我在想，古人啊，真是幼稚的家伙，怎会被一只猫左右了思想，甚至左右了历史进程，生活在文明时代的我们才不会这样……我边想边盘腿坐下俯身亲吻我的猫咪，我是不是该给它买个更大更好的窝呢？

关于猫，我了解的信息非常有限。通常情况下，我是在通过猫讲点人类的趣事，被大家喜欢也是受宠若惊。米歇尔·萨凯向我们展示的是关于猫几千年来的命运，这些图文资料都是难得一见的“猫生干货”。这本书会在我未来的创作中作为一本长期参考书。如果你也是“吸猫”爱好者，如果你想懂它们，相信我，你得花些时间去阅读这本书。

白茶

青年漫画家

🐾《猫和老鼠》，版画，古斯塔夫·多雷（1832—1883）为《拉·封丹寓言》画的插画，巴黎，创作于1868年。

（注：图注中🐾的前方指代图的位置。）

前言

我想在自己的房子里，
有个通情达理的妻子，
一只猫在书页间穿行，
四季不断的高朋满座，
没有他们我无法生活。

——纪尧姆 · 阿波利奈尔（Guillaume Apollinaire，1880 —1918）《猫》，
选自《动物寓言集或俄耳甫斯的随从队列》

献给罗姆（Rome，1997－2010），不久前它永远地离开了我。

法国国王们的图书馆里有猫吗？那时的图书管理员们又是如何与老鼠做斗争的呢？他们曾为抵抗这些疯狂的啮齿动物做过什么预防措施吗？我不知道该如何回答这个问题。相反，我却知道，在今天的法国国家图书馆里，不论是在黎塞留路，还是在弗朗索瓦·莫里亚克车站（法国国家图书馆的两个馆区地址。——译者注），躲藏着成群结队、各种各样、来自四面八方、穿越若干个世纪的猫儿们。这些猫儿唯一的共同点是：它们中的大多数都是生活在纸上的猫。

纸上的猫！我猜想爱猫的人都要愤慨了：纸上的猫……不过想一想，纸上的猫显然会更加友善。它们从各种各样的纸上而来：《圣经》纸、报纸、带条纹的绘画纸、透明硫酸纸，或者银版纸、卡纸，或者硬纸板，当然也别忘了羊皮纸和仿羊皮纸……尤其别忘了铜版纸，爱猫的人都知道，猫儿们最喜欢在这种纸上……

《猫》，劳尔·杜飞（Raoul Dufy，1877—1953），木刻版画，为纪尧姆·阿波利奈尔《动物寓言集或俄耳甫斯的随从队列》配画，巴黎，德普朗什，创作于1911年。

《猫》，泰奥菲勒·施泰因勒（Theophi le Steinlen）（1859—1923），版画。

《睡觉的猫》，手稿，溪斋英泉（Keisai Eisen，1790—1848），木刻版画，选自《讒科画図》，名古屋，创作于 1893 年。

《三只小猫与一只狗》，手稿，欧仁·朗贝尔（Eugène Lambert，1825—1910），为亨利·德·罗斯柴尔德（Henri de Rothschild，1872—1947）手稿收藏写的信。

在这里我不得不向猫科动物的种群道歉。因为我经常对画家笔下的猫（或者画猫的画家）抱有极其严苛的态度，因为他们（猫和画家）总是彼此背叛，而且似乎他们根本意识不到自己已经颠倒了相互之间的主仆位置。更简单地说：画家们总是溺爱自己的猫。没有几个画家会不溺爱他们的猫。他们——不论是偶尔画猫的人还是爱猫的偏执狂，能够真正如实画猫的人少之又少。夏尔丹，他的名字里就包含“猫”，放在这里倒很合适［J.S. 夏尔丹（J.S.Chardin），18 世纪法国著名画家，洛可可风格的代表画家，其名字中的“Cha”与“猫”的法语“ chat”发音相同，因此作者说他的名字放在这里很合适。——译者注］；或者博纳尔［皮埃尔·博纳尔（Pierre Bonnard），1867—1947，法国象征主义绘画团体纳比派的代表画家。——编者注］。此外还有谁？画家画得快时，猫总是移动得比他们的笔更快；画家画得慢时，猫的耐心又仿佛无穷无尽，它们一动不动，直到把画家的耐心耗尽。

当我看着眼前这本书上散布的形形色色的猫儿，我不知道是什么让它们变成了这样。猫儿仿佛是天生适合出现在纸上的。或者更文雅地说，它们天生丽质——就像人们总说猫儿天生就很上镜一样。我们在历史的每一片岩层里发现猫儿，它们时而藏在角落里，时而就在画作的正中央。最常见的情况是，猫儿的出现总是某段俏皮的风流故事发生的借口。在那些令人尊敬的画作里，各式各样的猫总能给人们带来丰富的感触，动人的或滑稽的，令人会心一笑的或令人痛苦的，温柔的或粗犷的。

法国国家图书馆里到底有多少只“纸上的猫”？这是一个至今没有人盘点的大工程。我甚至怀疑，那些搜索软件，比如 Gallica 或谷歌，对这样一个大工程能有多大帮助。或许，我们正在读到的这本小书会为某些勇敢的程序员提供加入这场书海大冒险的动力？不过我依然对此有点表示怀疑，并且拭目以待。无论怎样，在这场需要耐心的等待中，多亏了法国国家图书馆手稿部的馆长米歇尔·萨凯女士用她饱含智慧又充满温馨的手，“编织”了这样一本文字温暖而图片精美的书。这本学养丰富又令人会心一笑的书，让我们得以非常荣幸地欣赏到这些纸上的猫的画家们伟大的创造力，无论他们来自哪里。

Mon cher ami Henri,
puisque vous voulez bien me faire une place dans votre collection d'Autographes, je pense que cette page vous donnera une idée assez exacte de mon écriture.

L. Eug. Lambert

✿《猫，狗，小斑獛》，汉斯 · 保尔（Hans Bol，1534—1593），《弥撒歌曲集》（*Preces*），上色手抄本，安特卫普，创作于 1582 年。

✿《动物志：猫》，贾迈勒丁 · 亚兹迪，上色手抄本，印度，创作于前 18 世纪—前 17 世纪。

猫是令人摸不着头脑的，而我们对猫的态度自古以来也是复杂的。这其中有“猫奴”，有对猫漠不关心的人，也有猫顽固的敌人。然而特别值得庆幸的是，时至今日，几乎无一例外，这其中的最后一种人已经保持沉默了。而关于猫的书则通过书写或阅读，被保存在了那些爱猫人的手中。通常情况下，他们都是自家养着生活惬意的猫的主人。但这些猫儿是否忠于它们在纸上的形象呢?（我十分困惑是否应该用“忠诚”来形容猫，毕竟把这个形容词和猫这种动物联系起来的情况实在太少见了。）

而对于眼前的这本书，米歇尔 · 萨凯最使我们惊讶的地方是：她为这本书准备了如此丰富的图片，以至于我们读起来总也不觉得疲劳。这里有家养的猫，每天安然坐于炉火旁；有野生的猫，生存在充满敌意的环境里，时刻准备扑向自己的猎物；有封圣的猫、神圣的猫和不吉利的猫。有风骚的猫，也有爱玩儿的猫；有狡猾的猫，也有让人值得信赖的猫；有诗人的猫，也有炼金术士的猫；有在骄阳的影子下四下溜达的猫，也有靠在自家的烟囱旁取暖的猫；有偷东西的猫，也有狡诈的猫；有《天使报喜》（天使报喜：指在基督教中天使向圣母马利亚告知她将受圣灵感孕而诞下耶稣的场景。此处指达 · 芬奇同名画作。——译者注）中的猫，也有波德莱尔（Baudelaire）的猫；有芸芸众生中的普通的猫，也有可以从猫堆里一眼被认出来的猫。这里有上千张猫儿的画。有写实的猫，也有被风格化的猫；有穿着舞会华服的猫，也有穿着七里靴（法国作家夏尔 · 佩罗童话故事《穿靴子的猫》中的猫穿的神靴。——译者注）的猫，还有贫民窟里的猫；有说着话的猫，还有唱着歌的猫。这里的猫有的为了生存而捕猎，有的捕猎只是为了游戏。这里有欧洲血统的猫，也有其他种类的猫；有公猫也有小猫，它们无一例外都惹人喜爱。这里有性感撩人的公猫和母猫，有的来自 18 世纪的欧洲，也有些可能来自日本；也有像孩子一般天真无邪的猫。

بخور کنند و دست بر همه اعضای او همی مالند تا دست بر ذکر او نهاد چون بذکر رسید محکم بگرفت

در خویشتن را پیش او نهاد تا با او مجامعت نکرد او را رها نکرد و اندرو چند خاصیت هست

اگر دل کبی را خشک کنند و یکدرم سنگ بپند در او افکند و بخورند سود دارد و دلیر را

دلیر کند و درد سر را سود دارد و اگر خون کبی را بخورند گنگ شوند باب در صفت گربه

گویند که گربه جانوری بود

سخت غریب دوست

چنانکه اگر کسی غریب بود

در خانه رود و در آن خانه

گربه بود بر دامن آن غریب

گردد و در کنار آورد

و بخسپد یا بنشیند و سر در روی در مالد بقدر سگ که سگ غریب دشمن است و بشب چشم گربه

عظیم فروغ دهد و گویند گربه دشتی از بوی سداب بگریزد و از آتش بترسد و اگر بینی گربه

بروغن و خاکستر بمالند دیوانه شود و اگر خواهند که گربه بانگ نکند پشت دست گربه

بروغن چرب کنند تا بلیسیدن آن مشغول شود و هر که گربه فربه بریان کند و بخورد

دائم تن درست باشد و هر که شکنبه را سو با همدیگر بریان کنند و بخورد دیوانه وهشند

请原谅我以上冗长的罗列，然而这个盘点是相当不完整的，为了证明我的观点属实，各位不妨来读一读米歇尔·萨凯的这本书。首先，毋庸置疑，猫的社会地位在今天已经明显提升了。现在，猫的身上已经没有那些古代作家曾经强加于它们身上的缺点，或者打在它们身上的标签了，比如拉·封丹笔下的猫的可爱，或者布丰（Buffon）笔下的猫的卑劣……换句话说，那些缺点（或者按今天更加政治正确的写法加上引号），“那些缺点”在今天不仅是可以被原谅的，而且是可以被接受、令人佩服且被允许的，因为它们是猫的本性。谁有勇气在今天说自己的猫是自私的呢？

然而，这一次提升并非坦途，猫儿为自己正名时付出了相当大的代价，并对自身产生了负面影响。在这次社会地位的提升中，猫失去了它们锋利的爪子，它们身上的跳蚤，它们身上的特殊味道，甚至它们的性别。我们从此再也听不到游走在巴黎屋顶上的长吁短叹，喵喵的叫声，以及那些低低徘徊的爱的歌唱，这些都已经离猫儿远去了。阉割——猫的野性被阉割了，猫变成了一种被驯化了的动物——一种宠物。

在前文中我曾经说过，猫已经不再为独立生存而捕杀猎物了，它那出了名的自食其力终究失败了。诚然，猫始终是自由的（这一点可以对比一下它的“世敌”——狗），但这已经是一种变了色的自由了。猫逐渐养成了一些好吃懒做的习惯并要求我们必须接受它们的习惯。然而，究竟谁是这场交易中的受骗者呢？——是自食其力的那个？还是依赖人的那个？

每一只猫都是独特的，每一个主人提起自己的猫都有用不完的热情、说不完的话，但他们都会小心翼翼，并知道克制自己，因为他们并不知道吃饭时的邻桌喜欢的是眼镜蛇，还是南美大鹦鹉。我有一只黑猫，它在夜里常去附近的工地转悠。它踱着坚定的步伐回到家里，每一步都把重重的爪子小心翼翼地踩到门厅过道的地毯上，并且用它一贯的、嘶哑的、有点玩笑般的喵喵声告诉我它的新发现。谁来为我解释一下，这黏人的、没完没了的任性脾气是从何而来？谁又能解释一下，为什么在同一时间里它的同伴却四仰八叉地酣睡在散热器上？这是猫儿的天性还是后天习得的呢？我的确是不太了解这些猫儿，但假如有一天我了解了这群我兴高采烈地为其写着前言的“行走

《学究猫》，弗朗索瓦·戈贝尔（François Coppée，1842—1908），给梅丽·罗兰（Méry Laurent，1849—1900）的信，写于1890年8月14日。

《睡觉的猫》，施泰因勒，版画。

在书中的猫”，我会不会也变成一个一提起猫就滔滔不绝的人呢？

呼噜噜的或安静的，缺席的或偶尔在场的，尽管它们自己不知情，猫却着实是书籍的好朋友。成百上千的猫在书籍中被描绘，有关猫科动物的文学作品卷帙浩繁。我并不打算，或者说远远不打算，万无一失地掌握这个主题，甚至连这些作品中最重要的那一部分也不打算读全。但我仍然想向大家推荐一本书：《爱猫者词典》[*A Dictionary of Cat Lovers*，米歇尔·约瑟夫（Michael Joseph）出版社，伦敦，1949]。我希望有一天这本书可以被翻译到法国，因为和我们眼前这本书一样，作者和他亲爱的模特（特指 猫）之间已经形成一种完美的默契了。当然，如果我不向你推荐弗雷德里克·维托的《爱猫者词典》（*Dictionnaire amoureux des chats*），那我也将是玩忽职守的作序者，维托也是一位猫的无条件支持者。

插画师、设计师、雕刻师或摄影师都在作品里使用猫的元素。他们出于各种各样的目的使用它（我曾经写过他们的所有意图）：教导性的、哲理性的、图标性的、政治性的、挖苦性的、嘲讽性的或广告性的，纯粹为了审美的、典型性的、符号性的（作为情欲或懒惰的代表）。艺术家们使用猫的形象有时也纯粹是为了赞扬它们的美，为了试图捕捉它们的美，为了留住它们的美（我不敢在这里尝试定义如此主观的关于美的概念）。总之，在大多数情况下，插画师总是想为猫服务。对于用猫的形象进行艺术创作来说，插画师在任何情况下都比文学家或作家，以及特别是我这种不得不勉为其难为一本有关猫的书写前言的人，更加成功。

皮埃尔·罗森博格
卢浮宫前馆长，法兰西学院院士

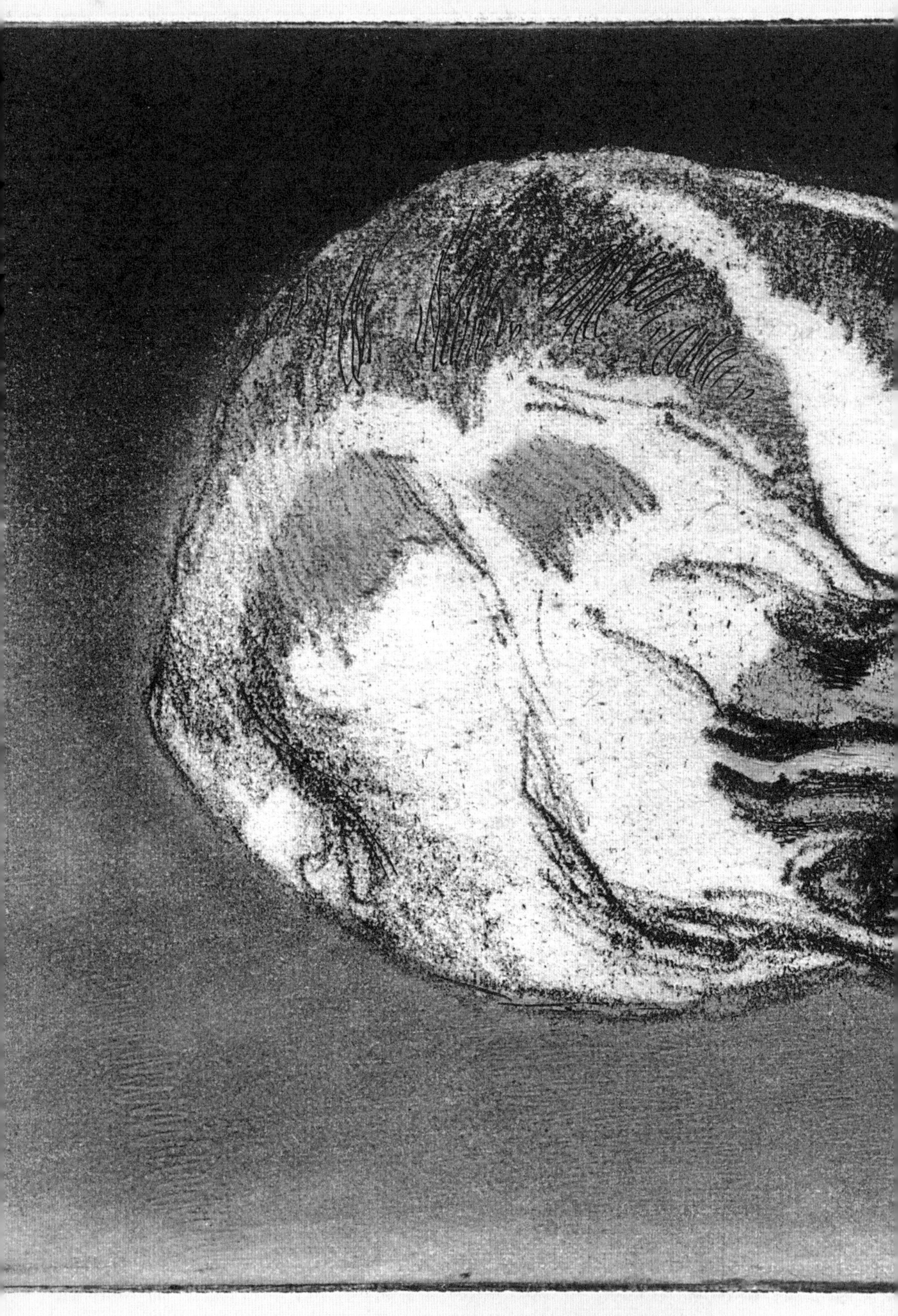

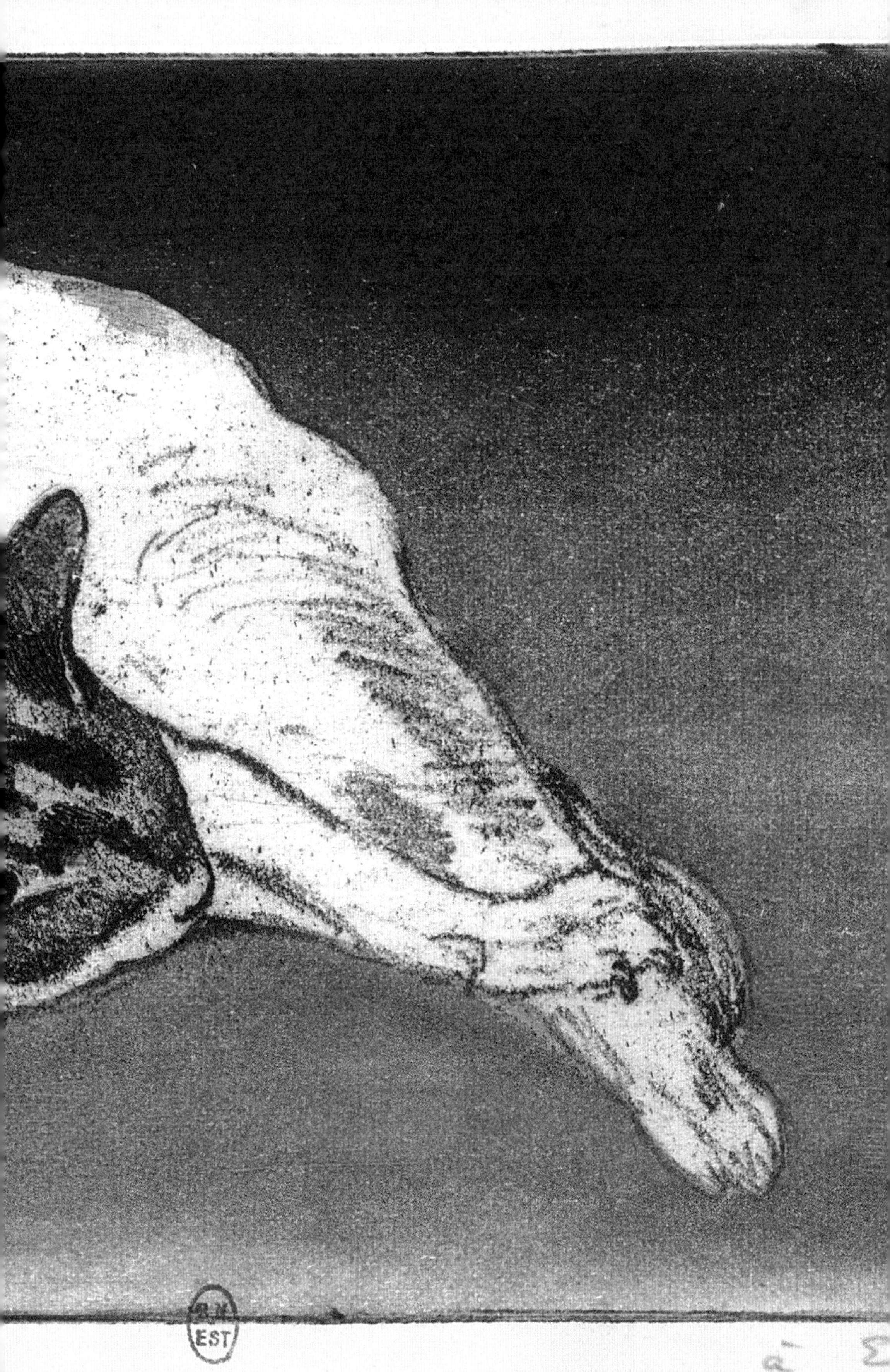

动物本来都不完美，
长长的尾巴，
耷拉着脑袋。
一点一点，它们进化，变成了风景，
把许多东西归于自己，
美丽、优雅……
而猫，
只有猫，
一出现就完美且高傲，
从诞生时起就毫无瑕疵，
独来独往，并知道自己要什么。

人想成为鱼和鸟，
蛇想长翅膀，
狗是迷失的狮子，
工程师想当诗人，
苍蝇想成为燕子，
诗人努力模仿苍蝇，
但是猫，
只想做猫，
所有的猫都是纯粹的猫，
从胡子到尾巴尖儿，
从夜的深处到它黄金般的瞳孔。

——巴勃罗·聂鲁达《猫颂》，选自《元素的颂歌》

LE CHAT SAUVAGE.

Chat est asses commune
beste. Si ne me convient
ja dire de sa facon que pou de
gens sont qui bien non aient veu

直到20世纪之前，人们一直认为家猫可能来自欧洲斑猫和街猫（回到野生环境的家猫）的杂交。人们相信这种交配常常发生。丹尼尔·笛福在《鲁滨逊漂流记》中引证了这一观点。然而事实上，这种交配只是例外情况，它们并没有繁衍大量后代。事实上，家猫的祖先是源自非洲沙漠的斑猫，或者草原斑猫。

家猫的驯化史，或者说社会化的过程，即“félinophiles”的过程，是一段含混不清的历史。通过对大量木乃伊、石棺、雕塑和壁画的考证，我们可以确定地说，古埃及人驯养猫已经有很长的历史了。接着，猫经由古希腊进入了古罗马世界，也许很长时间以来，这比我们一直所认为的更快。从公元前5世纪开始，希罗多德记载了古埃及人对于猫的热衷，色诺芬和亚里士多德也对此有所描述，而老普林尼［盖乌斯·普林尼·塞孔杜斯（Gaius Plinius Secundus），古罗马作家、博物学者、军人、政治家，常被称为老普林尼，以《自然史》一书留名后世。——译者注］在他的《自然史》中也对此有所记录。从最近的考古学发现来看，家猫对欧洲世界的“征服”起始于公元前1000年，并自古罗马扩张时期开始在此安营扎寨。我们发现了猫在公元前12世纪的印度留下的足迹，它出现在一份有关宇宙起源论的印度教经典——《摩奴法典》中，这部著作在4个世纪之后被人用梵文书写出来。然而，猫很少被描绘，也许要归咎于它在被香花美草和百兽环绕中的佛陀涅槃时的缺席。之后，猫进入了中国，然后是朝鲜，再然后是日本。在日本，猫之受欢迎程度绝不亚于在古埃及。

对猫的驯化源于一个十分实用的理由：小型猫科动物很快显示出了它们捕鼠的天赋，而老鼠对庄稼收成和疾病传播的威胁是致命的。猫的这一天赋在古希腊、古罗马时期是尽人皆知的事实，而在中世纪黑死病大肆流行的时候，人们却把它忘记了。此外，猫也是一个出色的捕蛇者，蛇可是热带地区的人们最怕见到的动物。

《野猫》，版画，雅克·德·赛夫（Jacques de sève，1742—1788）画，路易·罗格朗（Louis Legrand）刻，为布丰的《自然史》一书创作，巴黎，皇家印刷厂，创作于1749—1767年。

《野猫》，选自加斯东·法比斯（Gaston Phoebus）的《狩猎书》，上色手抄本，创作于1445—1450年。

《野猫》，选自加斯东·法比斯的《狩猎书》，上色手抄本，创作于 14 世纪—15 世纪。

贝斯特神雕塑，青铜、金，古埃及，托勒密王朝（前3世纪—前1世纪）。

女神以一只坐着的猫的姿态出现，胸前佩戴有狮子头的护身符项链，项链于猫头后扣合，两耳穿洞，右耳佩戴有一只金耳环。

《向瑞神的连祷文》长卷开头场景，古巴比伦，底比斯，创作于前 12 世纪—前 11 世纪。

猫的宗教化紧随在猫的驯化之后。前 19 世纪—前 16 世纪，母猫成了古埃及神话中的贝斯特神（Bastet，古埃及神话中的月亮女神，象征家庭温暖与喜乐。常出现在古埃及墓室的壁画中。——译者注）。与此同时，猫也由于太阳的缘故与阿蒙-瑞神［Amon-Ra，古埃及神话中的法老之王，代表充满生命力的统治者形象。阿蒙神（Amon）代表男子气概；瑞（Ra）是古埃及的太阳神，二者结合代表宇宙初始的创造力量。——译者注］相联系起来。

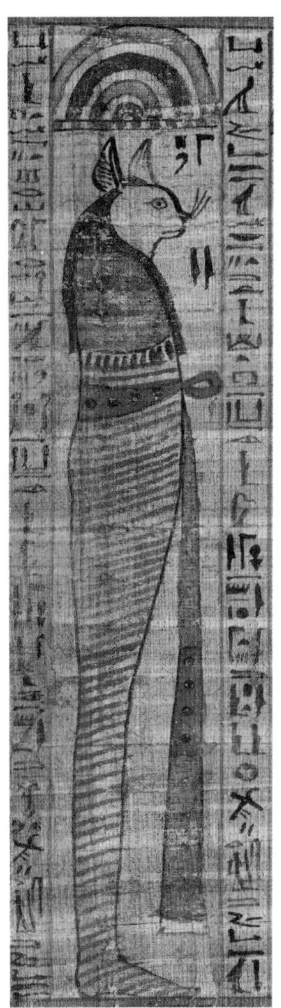

在布巴斯提斯（Bubastis，古埃及城市，约前 945—约前 924 年达到鼎盛，后因古埃及衰落而被废弃。——译者注）与赫里奥波里斯（Héliopolis，古希腊人对古埃及城市“昂”的称呼。该城为下埃及第十三省省会，在宗教方面地位很高。太阳神瑞的庙宇就坐落于此。瑞的位置仅次于底比斯的阿蒙神庙。古埃及第五王朝时期，瑞神成为整个古埃及崇拜的对象。——译者注）这两座供奉贝斯特神与瑞神的城市中，我们在古代庙宇中发现了猫的圣像符号。它们有时被当作牺牲祭献，以赞美动物的灵，以使神化为肉身的精神，用于对动物灵魂崇拜的祭拜。这种以猫为祭献的做法与欧洲自中世纪到启蒙时代的狂热“烧猫”（见本书第 39 页解释）习俗大为不同。基督教早期的祭献活动对猫的生存并没有不利的影响，因为在新教教义里，祭献牺牲是一种犯罪，猫自然而然地在僧侣们的修道院里拥有了它们的位置。人们可以在谷仓里见到它们，在存放彩色经卷手稿的藏经楼里看见它们。在僧侣的单人寓所里，猫被视为令人舒服的伴侣。“没有什么可以转移僧侣们对上帝的爱”这一戒律在加洛林王朝时代的道德寓言或僧侣戒律中被废除了。在伊斯兰世界中，小猫总是受欢迎的，也许是因为那个穆罕默德为了不吵醒他昏昏欲睡的猫儿穆扎（Muezza）而割掉自己衣袍一角的传说（相传有一天穆罕默德打算外出，猫正好睡在他要穿的衣袍上。穆罕默德不忍心吵醒猫，就用刀割掉了衣袍的一角，穿着破的衣袍出了门。——译者注）。

在远东，在僧侣们的修道院里，猫是不被排斥的动物。我们甚至可以说，缅甸的僧侣是最初饲养缅甸圣猫（学名：伯曼猫，拉丁名：Birman。传说最早由古代缅甸寺庙里的僧侣饲养，被视为护殿神猫，18 世纪传入欧洲逐步进化定型。伯曼猫体型较长，身上为浅金黄色，脸、腿、尾部毛色较深，呈咖啡色或深灰色，四爪为白色。——译者注）的人。在日本和在埃及一样，人们把猫与月亮和生殖能力联系起来。如同白狐狸也是生殖能力的象征，这些形象在神道教的寺庙里自然而然地拥有了一席之地。如果说日本人或中国人更喜欢用兔子作为多子多福的象征符号，越南人则为自己选择了猫。

回到中世纪西方，猫不是在《圣经寓言》中出现的动物，在符合教规的文献中也极少现身。除此以外，猫有时也会作为挪亚方舟里的动物代表之一出现。然而，猫依然是宗教圣像学中常常出现的形象，但常常被作为反面形象。在《天使报喜》系列作品中，正如在《牧羊人向天使报喜》（见本书第 23 页图）中，猫代表了对赎罪形成威胁的狡猾的品质。与此同时，猫与狗的战争亦象征着恶与善、谎言与忠诚的斗争。

《登上方舟的挪亚》，《圣经》历史版本，皮埃尔·勒·芒热（Pierre le Mangeur，约 1100—1179），由吉拉德·德·穆兰（Guiard des Moulins）于 1294 年翻译成法语，上色手抄本，巴黎，创作于 14 世纪。

《动物逃离罗马城作为联军攻陷罗马的征兆》，上色手抄本，所在地区画师的细密画，拉乌尔·德·普雷勒为圣·奥古斯丁《上帝之城》所创作的插图，创作于15世纪。

《牧羊人向天使报喜》，选自查士丁尼一世《学说汇纂》，上色手抄本，博洛尼亚，创作于1330年。

Deus in adiutor
meum intende
Domine ad ad

pud Græ=
panicè gá=
è Katz. An=
z apud Al=
, quod no=
to, & Ara=
us significat
ibi pro ca=
dixi, ine=
nstat, quo=
s de ęluro,
in originis
uiuerram
. Aegyptij
nus: Hinc
Aegypto:
lat: sacras
ut infra di=
b. 8. cap. 3.)
es accipi ui
us appellat
n noxiáque,
lantē, Phi=
nis & Colu
s uidetur,
nquit, quę
rturus uel
ila. Sed de
Meles a=
sse id quod
n appellat,
in Enarra=
t aūt Var=
. 12. ubi sic
ota è mace=
), ut tectorio tecta sint, & sint alta. Alterum ne feles, aut meles, aliáue

13世纪的百科全书编写者准确地记述了家猫的各种各样的皮毛、眼睛、胡须和爪子的样子，例如英格兰的巴泰勒米（Barthélemy l'Anglais）于大约 1230 年在巴黎写了《物的属性》（*De proprietatibus rerum*）；文森特·德·博韦（Vicent de Beauvais）这样的多明我会（天主教托钵修会主要派别之一。——编者注）修士，为了承担对圣·路易斯（Saint Louis）的教育，负责编写了《自然之镜》（*Speculum naturale*）；托马斯·德·坎蒂姆佩（Thomas de Cantimpré）写了《源自事物的本性》（*De naturis rerum*）。这些作者同样也将笔触停留在猫儿的行为举止上：它们恋爱时的样子；它们的捕猎天赋；它们在火炉旁缩成一团时的姿态，梳洗时的姿态，甚至做爱时的姿态。

随着一些古希腊的文献被重新发现，在文艺复兴时期，动物学得到了复苏。猫因此占到了便宜，从此成为经常出入社交界、可登堂入室的动物。瑞士的医学家和自然学家康拉德·格斯纳（Conrad Gesner）曾在他的那本装饰着漂亮的虎斑猫图画的《动物学历史》（*Historia animalium*，1551）中写道："众所周知，猫是一种居家的驯良的动物。"这本书还曾被他的英国弟子、继承人爱德华·托普赛（Edward Topsell）有规律地增补修正。在意大利，博洛尼亚的乌利塞·阿尔德罗万迪（Ulisse Aldrovandi，1522—1605），以及星象学家吉罗拉莫·卡尔达诺（Gerolamo Cardano，1511—1576），把小家猫描绘成机灵讨巧的样子。与此同时，格斯纳强调了猫对于健康的威胁。猫身上的绒毛有可能诱发哮喘，而它的呼吸尤其会制造有害气体。这件事在两个世纪以后被阿尔伯特（Alembert）和狄德罗（Diderot）在《百科全书》（18 世纪由法国启蒙思想家狄德罗牵头编纂的大型工具书。——译者注）的一篇文章中再一次确认：他们提醒那些喜欢与猫儿接吻的主人一定要小心谨慎。

英国诗人 T.S. 艾略特在那他首著名的英文诗《为猫命名》[*The naming of cats*，法语译名：*Pour choisir le nom d'un chat*，收录于《老负鼠的猫经》（*Old Possum's Book of Practical Cats*，1939），法文译本《猫》（*Chat! Nathan*，1982）由雅克·夏尔庞德罗（Jacques Charpentreau）翻译］中介入这个问题之前的很长时间以来，猫

《猫》，C. 弗罗乔韦鲁姆（C. Froschoverum）画，出自康拉德·格斯纳《动物史·卷一》，苏黎世，创作于 1551 年。

《首字母装饰，猫和老鼠》，博洛尼亚《圣经》抄本，约创作于 1267 年。

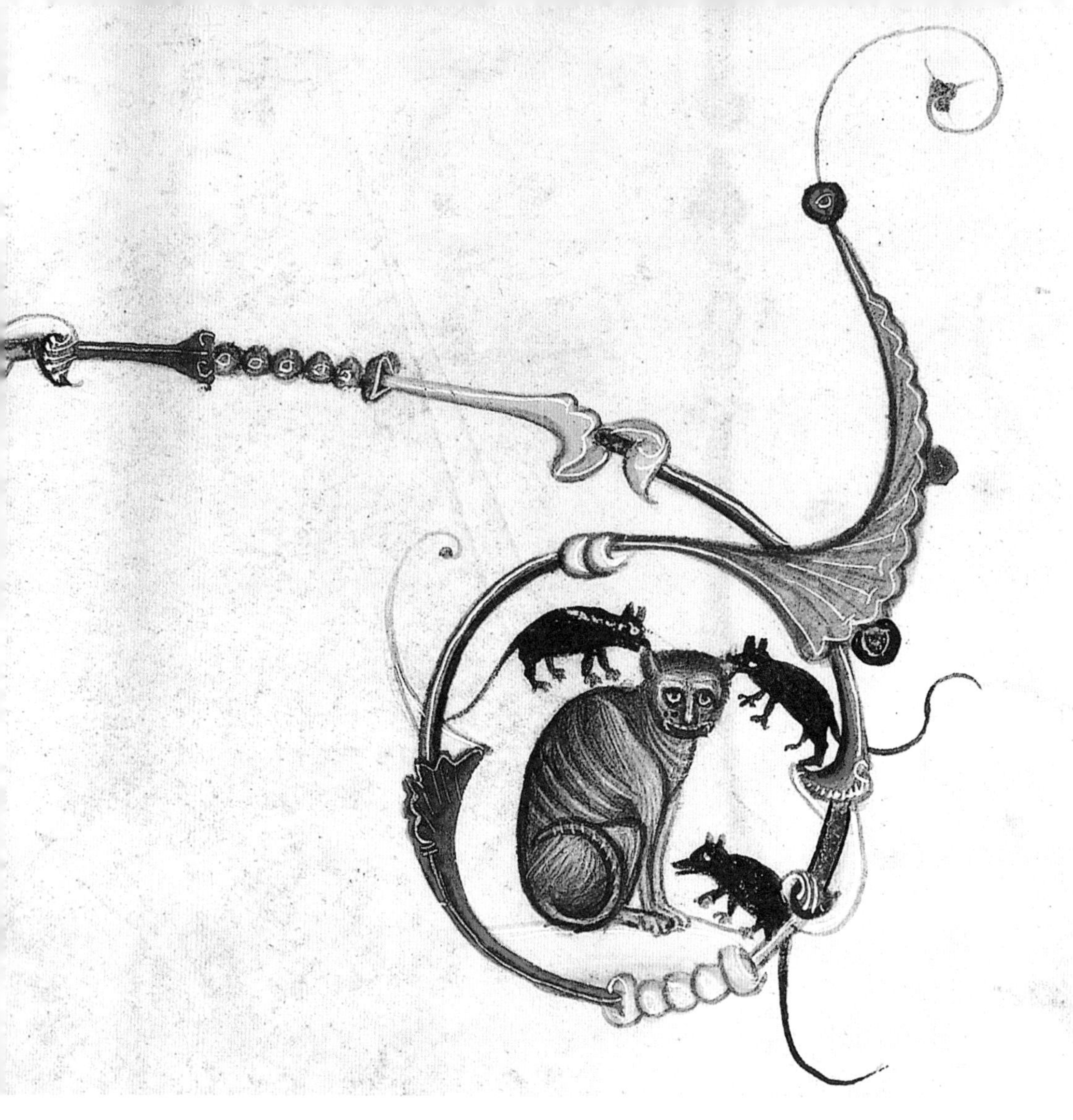

的命名总是存在问题。希腊人称猫为“ailouros ”（摇尾巴的动物）。“cattus”这个词，由阿拉伯语而来，自 4 世纪开始代替了拉丁词“felis”和希腊语“ailouros”。然而，圣·依西多禄（Isidore de Seville）在他的作品《词源学》（*Étymologies*，6 世纪）中认为，“cattus”这个词是不恰当的，从“mus”这个在拉丁语里表示“老鼠”的词开始，教士们更喜欢使用复合词。从文艺复兴时期开始，“felis”这个拉丁词再也没有出现过。

《猫与猴子》，列万·凡·伦斯（Lievin van Lathem）画室，拉乌尔·列斐伏尔《伊阿宋的故事》页边彩绘，布鲁日，创作于 15 世纪末。

《猫与老鼠》，《布列塔尼的安妮的小日课经》的画师为《豪华日课经》创作的插画，上色彩绘，约创作于 1490 年。

在 13 世纪以前，我们很少能够在动物寓言集以外的书籍中看到猫的形象，随后，猫渐渐出现在图书的页边插画中。它经常伴随着猴子——这个在《伊索寓言》中与它共同作恶的伙伴一起出现。当然，最常与它同台演出的要算老鼠了。猫鼠之争的主题自 15 世纪开始在插画作品中出现，从此变得经久不衰，尤其是在欧洲经历了黑死病的折磨之后。我们可以在 17 世纪再现 1640 年“阿拉斯之围”（Siège d’Arras，欧洲 17 世纪“三十年战争”中的重要战役。在这次战役中，法国击败哈布斯堡王朝的西班牙，夺取阿拉斯，由此占领佛兰德斯。“三十年战争”是欧洲近代史上的重要事件，直接导致了西欧民族国家的建立。——译者注）的版画中找到这一主题（见本书第 28、29、61 页图）。顺着同样的思路，洛佩 · 德 · 维加（Lope de Vega，文艺复兴时期西班牙黄金世纪最重要的诗人和剧作家。他革新了西班牙戏剧的模式。在那一时期，戏剧开始成为一种大众化的文化现象。——译者注）于 1631 年出版了他的作品集《人与神圣的韵律》，这部作品集中出现了类似主题的滑稽模仿英雄诗《猫的战争》（*La Gatomaquia*）——西班牙语中最伟大的文学作品之一。

《西班牙老鼠在阿拉斯城门前被法国猫俘虏》，1640 年 8 月 10 日，加布里埃尔 · 佩雷勒（Gabriel Perelle，1603—1677）制作，铜版画，L. 里歇画，巴黎，G. 若兰。

1640 年 8 月 9 日，正当法国人包围阿拉斯城时，西班牙人在阿拉斯的城门上刻下：“当法国人夺得阿拉斯时，老鼠们会吃掉猫。”在战斗的当晚，赢得胜利的法国人得意扬扬地修改了这段表述：“当法国人回到阿拉斯，老鼠们吃了猫。”

《猫和老鼠》，木刻版画，15 世纪，鲁道夫 · 扎哈利亚斯 · 贝克（Rudolf Zacharias Becker）据古代德国画师的木刻版画复制，原始图片素材由让 · 阿尔伯特 · 德 · 德绍（Jean Albert de Derschau）收集，与《论木刻版画的起源与现状》共同出版，哥达，创作于 1808 年。

ARRAS
Cartier cartier Messieurs les Ratz
Point de cartier Messieurs d'Arras.
des Chatz d'Espaigne par les Ratz François deuant la Ville et Cité d'Arras

hut vch vor den katzen · dv

ecken vnde hinden kratzen

❀《圣母生产》，沙蒂永的画师，《沙蒂永的雅克 II 的日课经》，上色手抄本，约创作于 1430 年。

在一本保存于都灵奇维科博物馆的几乎同时期的日课经中，杨 · 凡 · 艾克在画的下方画了一只猫和一只狗舔食汤碗，以此强化了场景的现实感。沙蒂永的画师在此以一只在火炉边梳洗的猫代替狗，并加入一只老鼠在摇篮下跑过。这一细节强化了贪婪、粗心、耽于声色的猫的玩忽职守的形象。

由于猫强大的捕鼠能力，它们才得以进入西方人的室内生活。它们可以从仆人们通行的门走进谷仓，经谷仓穿到食物储藏室，再从储藏室跑去厨房，又从厨房到起居室，进而又从起居室走进卧室。

❀《圣 · 凯瑟琳的生产》，出自《圣 · 凯瑟琳的一生》，让 · 米耶罗（Jean Mielot）译，1457 年，根特的上色手抄本，菲利普 · 勒 · 庞（Philippe le Bon）保存的副本，创作于 15 世纪。

通常情况下，我们说猫在宗教圣像学中代表了魔鬼。然而有些时候，母猫哺乳小猫的情景出现在有童真女、基督、圣徒的画面中时，它们也只是单纯地代表着母爱。正如宗教传统中通常所说的那样，伦勃朗的版画《圣家族与猫》（1645）再现了一幅圣母马利亚端庄地坐在室内，一只猫睡在她身旁的画面。一条蛇从她衣服的褶皱间逃走，象征着童真女身上由夏娃而来的原罪被洗刷掉了，而抓着她裙子的猫则代表魔鬼。不过，在同一时期，一些艺术家也在他们的绘画中展示着有猫存在的温馨、平静的场景，例如我们经常讲到的17世纪荷兰小画派（17世纪流行于荷兰地区的美术流派，以描绘静物、风景和风俗为主，主要服务于当时新兴的市民阶层，作品完成后通常都会被普通市民买去做家庭装饰。——译者注）的颜料画或版画。猫在炉火边蜷缩成一团或在厨房里小偷小摸的场景实际上是宗教圣像学中越来越常见的主题。直到1578年，皮埃尔·德·龙沙〔Pierre de Ronsard，1524—1585，法国抒情诗人，出身于贵族家庭。1547年组织“七星诗社”，1550年发表第一部诗集《颂歌集》（*Odes*）四卷本，从此声名鹊起。——译者注〕——“miauleuxeffroi”这一表述中

《圣家族与猫》，伦勃朗·哈尔曼松·凡·莱因（Rembrandt Harmenszoon van Rijn，1606—1669），蚀刻铜版画，创作于 1654 年。

“miauleux”这个形容词的发明者，在其《颂歌集》中的一首诗《猫》中断言：“当今世上无人比我更厌恶猫。我厌恶猫的眼睛、脑袋，还有它凝视的模样。一看见猫，我掉头就跑。”这似乎表明猫科动物在当时已经是相当常见的了。

120 年之后，在白猫公主（多尔诺瓦夫人的《童话故事集》中《白猫公主》的女主角。——译者注）的宫殿图书馆里，我们发现了“所有名猫的故事：罗狄拉被倒吊在老鼠议会里，穿靴子的猫卡拉巴司侯爵、写字的猫、变成女人的猫、变成猫的巫婆，安息日和它的各种仪式……”。就这样，猫儿们以它们擅长的假装谦卑与自我诋毁的方式，不声不响地成了 14 世纪文学作品里的主角。此外，在这一时期的版画作品中，尤其是亚伯拉罕·博斯（Abraham Bosse）的作品中，画家们经常将猫安置在资产阶级或贵族的家里，它们靠在炉火边取暖或安静地躺在沙发下面，爪子蜷缩在身体下面。

《奶酪店老板与顾客说话，白猫作为远景》，选自《健康全书》，莱茵上色手抄本，创作于 15 世纪。

《健康全书》是一本欧洲中世纪的健康手册，由无名氏根据 11 世纪巴格达医生伊本-巴特兰（Ibn-Butlan）的著作《保持健康》（*Taqwim al-Sihha*）翻译而成。该书特别讲解了关于饮食健康的内容，在中世纪的欧洲受到了广泛欢迎，并被译成多种语言。

星历表日历一月的画像，上色手抄本，创作于 15 世纪—16 世纪。

猫的时代终于到来了：博学的艾克斯旅行者尼古拉斯-克劳德·法布里·德·佩雷斯科（Nicolas-Claude Fabri de Peiresc）引进了来自土耳其安卡拉地区的安哥拉猫。这些猫在欧洲取得了一个彻头彻尾的胜利：它们被当作惹人疼爱的宠物，而不仅仅像一个“千猫一面”的粗鄙的捕鼠猎人那样被随便打发。同一时期，由佩莱格里诺（Pellegrino，17 世纪意大利著名探险家、考古学家、亚述学专家，于 17 世纪将波斯猫引进欧洲。——译者注）从他们的中东航行中所带回来的波斯猫迅速成了贵妇们的宠儿。其间，欧洲的猫保护了他们的支持者，正如后来成为法兰西学院院士的文森特·瓦蒂尔（Vicent Voiture，1597—1648，法国诗人、作家，朗布耶侯爵夫人沙龙中的活跃人物。在政治上效忠奥尔良公爵，反对黎塞留，1632 年陪同公爵一起流放，后作为其代表出使西班牙。——译者注）曾在 1630 年为感谢一位西班牙女修道院院长写的一首诗的结尾献词那样：

> 西班牙最美丽的猫，是那些以牺牲自己为代价的燃烧的猫。即使是拉·封丹的哈米那·格罗比斯，你们知道，这猫中的王子，也不会拥有更多的财富，也无法更贴切地感受到什么是善良。

“烧猫”（chats brûlés）是一种对圣约翰节用火烧猫的习俗的暗讽（猫曾长期被视为巫术与魔鬼的化身。自中世纪至 17 世纪，法国、西班牙等国家有在每年 6 月 24 日施洗约翰生日当天将猫投入火堆烧死以示驱魔的传统。——译者注），这种习俗直到启蒙运动时期才逐渐被抛弃。17 世纪法国最著名的爱猫人士当属黎塞留了。名声略小但也同样是个十足的“猫痴”的还有让·巴普提斯特·柯尔贝尔（Jean-Baptiste Colbert，路易十四时期最著名的政治家之一，以爱猫著称。——译者注）。女诗人安托瓦内特·德祖利埃（Antoinette Deshoulières，1634—1694，路易十四时期法国贵族、女性文学家，伏尔泰曾称其为法国最优秀的女诗人。——译者注）——太阳王路易十四时期的显赫人物，对猫充满热情，甚至到了成为怪癖的程度。她为自己的小母猫格里塞特（Grisette）与其他出身高贵的公猫之间的爱情故事写了无数诗句。而她的女儿同样继承了她对猫的狂热，曾以一群矫揉造作的小猫为主角创作了一部悲剧诗。彼时著名的竖琴演奏家杜普伊小姐（Mademoiselle Dupuy）在 1671 年通过立遗嘱的方式为自己的猫留下了一大笔钱。法国报纸《水星报》（*Le Mercure galant*，法国最早的报纸类刊物，创办于 1672 年，1965 年停刊。其报道内容驳杂，涉及历史、传奇、奇闻逸事等。——译者注）曾绘声绘色地报道过这一事件。之后，在皮埃尔·贝勒（Pirre Bayle，法国哲学家、作家，其代表作《历史与批评词典》被视为百科全书的雏形。——译者注）于 1720 年编纂的《历史与批评词典》中又引用了这条报道。

CONCORDIA.
Diliges
dominum
Deum tuum
ex toto
corde tuo,
et in tota
anima tua,
Dilige
proxim
tuum
ſicut
teipſu
Deut.
Math.
M. de Vos figurauit

Melius eſt vocari ad olera cum charitate
Quam ad Vitulum ſaginatum cum odio.
Prouerb. 15. a. 17.

En paix auons contentement
En Noiſes tout desbauchement

PAX ALIT INGENIA, ET PRÆCLARAS EXCITAT ARTES, PAX HOMINI

1727年，弗朗索瓦–奥古斯丁·帕拉迪斯·德·蒙克里夫（François-Augustin Paradis de Moncrif）——路易十四的公主、缅因女公爵路易丝–贝尼迪克特·德·波旁（Louise-Bénédicte de Bourbon）的宫廷亲信、皇家书信检察员、路易十五皇后、玛丽·莱津斯卡（Marie Leczinska）的侍读、国王史官——在其著作《猫》中重新讲述了杜普伊小姐的遗嘱，以及德祖利埃母女的作品，为其正名。这本书的出版“得到了皇帝的称赞和支持”，并为作者带来了荣誉：1733年，蒙克里夫入选法兰西学院（尽管蒙克里夫得到了官方认可，但当时的评论界普遍认为这本书混乱浅薄且装腔作势，因此对其进行了批评。本书作者下文提到的例子皆为当时的一些讽刺文章。——译者注）。

接下来的一年，风气却开始有点不对劲。在沙图（chatou，法国城市名。——译者注），一篇让人搞不清作者的、对蒙克里夫的话语进行调侃的滑稽模仿文《喵喵或拉米那·克罗比斯大人太博学、太崇高的高谈阔论，1733年12月29日……》出现了。接下来，居约·德方丹（Guyot Desfontaines）神甫在《老鼠王国》上

《里尔商人的家庭生活场景》，克里斯蒂安·凡·德·帕斯特（Christian Van de Past）刻，科尔内留斯·德·福斯（Cornelius de Vos）画，上色凹版印刷版画，出自让·梅斯（Jan Mes）的《圣经故事》，约创作于1590年。

Voicy le vray portrait du Chat de Mademoiselle
Dupuy qui lui a laissé par Testam.t 15.s par mois.

以匿名的方式于1731年回应了这篇文章，题为《一封天主教老鼠的信，致希特龙·巴尔贝（Citron Barbet），关于蒙克里夫的〈猫〉》。

这股声讨的势头持续了一段时间，西格莱的克劳德-纪尧姆·布尔登（Claude-Guillaume Bourdon de Sigrais）于1737年同样在《老鼠王国》上匿名发表了雄心勃勃的《老鼠的历史，为全宇宙的历史服务》一文。而伏尔泰称其为国王的“历史杂种”。尽管有些嘲笑和挖苦，蒙克里夫这本恢宏的作品依然分别在1738年、1741年、1748年、1767年和1787年在凯吕斯伯爵（du comte de Caylus）的《玩笑集》里再版。伯爵在这本书的第一版中配上了柯易佩尔［查理-安托内·柯易佩尔（Charles-Antoine Coypel），1694—1752，路易十五时期法国著名画家、宫廷首席画师。其最广为称道的成就是为《堂·吉诃德》创作的系列插画。——译者注］为蒙克里夫作品所创作的版画。巴黎阿斯纳图书馆（La bibliothèque de l'Arsenal）保存了该作品的一册非常精美的样书。该书被装订得非常精致，并印有缅因女公爵的纹章。事实上，女公爵本人也是一位狂热的爱猫人士，她曾为自己的爱猫马拉美（Marlamain）亲自撰写了墓志铭。蒙克里夫在其书中对此事亦有所记载。如果其言可信，在凡尔赛宫里，猫也得到了一个不错的座次。比如路易十五的安哥拉白猫，就过着相当舒适、安逸的生活。所以，向时尚贵妇们怀里的“小红人”示好，在那时很快就成了花花公子与时髦青年的必备德行。

《这就是杜普伊小姐的猫的真实面貌……》，版画，夏尔-安东尼·夸佩尔（Charles-Antoine Coypel，1694—1752），为弗朗索瓦-奥古斯丁·帕拉迪斯·德·蒙克里夫的《猫》所创作的配画。

《黑猫一世，生于1725……》，夏尔-安东尼·夸佩尔，版画，为弗朗索瓦-奥古斯丁·帕拉迪斯·德·蒙克里夫的《猫》所创作的配画。

“文字共和国”也抵挡不住猫儿们的热情。在英国，詹姆斯·鲍斯威尔（James Boswell）使大众知道了塞缪尔·约翰逊博士——这个除莎士比亚外最常被人提起的英国人，对于猫，尤其是对于他的小猫霍齐（Hodge）怀有一片痴情。小柯升（Charles-Nicolas Cochin fils，18 世纪法国著名铜版画画家，1751 年成为法兰西学院院士，1752 年出任国王藏画总管。——译者注）的一幅版画为法国和其他的欧洲公众展示了“德芳侯爵夫人（Marie Anne de Vichy-Chamrond，法国 18 世纪著名的沙龙女主人。——译者注）的一群安哥拉猫”仪态万方地端坐在沙发中间的场景。德芳侯爵夫人，那个在启蒙时代会集了当时大部分社会精英的沙龙女主人，同样也为自己的图书增加了精装书壳，并且把一只坐着的猫的图案烙在她私人藏书的书脊上。她赠送给她的情人——英国作家霍勒斯·沃波尔（Horace Walpole，牛津郡第四代伯爵、欧洲哥特小说鼻祖，代表作《奥特朗托城堡》首创集神秘、恐怖和超自然元素于一体的哥特小说风格。——译者注）（一位与其保持了15 年交往的“爱猫狂”）一本同样带有精装书壳的《克莱芒十四世的生活》。

《德祖利埃小姐的雄猫与雌猫……一出屋顶上的歌剧：拟人场景》，夏尔-安东尼·夸佩尔，为弗朗索瓦-奥古斯丁·帕拉迪斯·德·蒙克里夫的《猫》所创作的配画。

Pag 117
C. Sculp.

这本书后来被霍勒斯·沃波尔存放在了他的“草莓山庄”（Strawberry Hill，沃波尔的宅邸，由其亲手设计成哥特式城堡样式。“草莓山庄”是西方建筑史上的重要里程碑，被视为“哥特复兴”的开始。“草莓山庄”被用来存放书籍、绘画、古董和其他珍稀的物品。——译者注）中。直至1949年，这段前尘往事被克里斯特布尔·艾伯康韦（Christabel Aberconway）在其《爱猫者词典》中重新提及。在德芳侯爵夫人与情人沃波尔的通信中，关于猫的暗语比比皆是：“我不知道人们是否可以随心所欲地摆布一个法国人，但我太知道让猫改变天性就像改变英国人一样容易。对此您可以放心，即使猫改了本性也永远不会像狗一样忠于您，不信您可以问问布丰。”“您关于英国猫的比喻太恰当了，”侯爵夫人回答说，“除了猫不以自己是猫为荣这一点，我不需要问布丰先生就知道猫的性格，并且知道它们有爪子，我知道它们和狗的区别。”另一位启蒙时代的缪斯——著名的沙龙女主人，启蒙哲学家爱尔维修的遗孀，成天在二十几只安哥拉猫的围绕中生活。

然而这一时期也并非所有人都拿猫当朋友。布丰在自己的《自然史》第四卷

德尼·狄德罗，《八卦珠宝》，无日期，两卷本。牛皮装订，书脊两条缝线间饰有猫图案，德芳侯爵夫人图书馆藏副本。

（1753 年出版）中对猫做了一个非常消极的描述："猫是一种非常不忠诚的动物，因此除非是为了对付另一位居家的敌人（老鼠），否则我们不必养它。"布丰是笃信进化论的笛卡儿主义者，他认为"宠物是供人们开心的玩物，是供人们利用的工具，是供我们玩弄的奴隶，宠物为我们所改变"，因为"人类统治动物世界具有绝对合法性，任何一种变革不可能将其推翻，这是一个精神凌驾物质的王国"。感觉主义哲学家埃蒂耶那·博诺·德·孔狄亚克（Etienne Bonnot de Condillac，1715—1780，法国启蒙时代重要的哲学家，信奉自然神论，与同时代著名思想家卢梭、狄德罗、达朗贝尔等人交往甚密，并为《百科全书》撰稿，著有《论人类知识的起源》《感觉论》等书。——译者注）在自己的《论动物》（1755）中对布丰的观点做了回应。在该书中，他不断为动物的感觉做辩护，直至引用蒙克里夫那不无挑衅性的话："正是因为身在沟渠，所以我们才需要寻求教育。"年轻的让-巴迪斯特·赛（Jean-Baptiste Say）在成为颇有声望的经济学家之前曾是《哲学十日谈》（*Décade philosophique et littéraire*，法国大革命时期宣扬革命意识形态的报纸。——译者注）的编辑。1794 年，他在这份报纸上讲述了一个他的"养了两只猫和'它们的一窝子孙'的朋友在生活中遭遇的一些麻烦"。猫儿们喵喵地撒着娇，讨要它们的下午茶，窜上客人们的膝头，用爪子按着客人们的膝盖，"我们无法有一丁点儿抱怨，它们是这个家庭里被宠坏了的孩子，我们原谅了它们的一切"。然而赛也是一个亲英国的人，而英国在 18 世纪已经是一个"小猫"的国度了。当赛从英国旅行回来时，他以一种更加明朗的笔调，以一种略有差别且不无幽默感的口吻在他的《格言集》（1817）中写了一篇名为《对人类及其社会概览小集》的文章。

> 我不知道是谁发现了这一点：爱猫之人同样因他们的仁慈爱心而显得出众。起初我们只当这个观点是一个玩笑，但越来越多的例子似乎证实了这个观点。因此，这似乎应该有个理由了……布丰对猫犯下了诽谤罪："猫贪图安逸，会寻找最柔软的家具去休息、玩耍。"这其实和人是一样的。"只对哄它们玩儿的抚弄反应敏感"，这依然和人一样。"与所有的约束、强迫为敌"，其实也和人类一样。因此，我们应该对爱猫之心充满慈悲，因为爱猫其实就是爱自己。

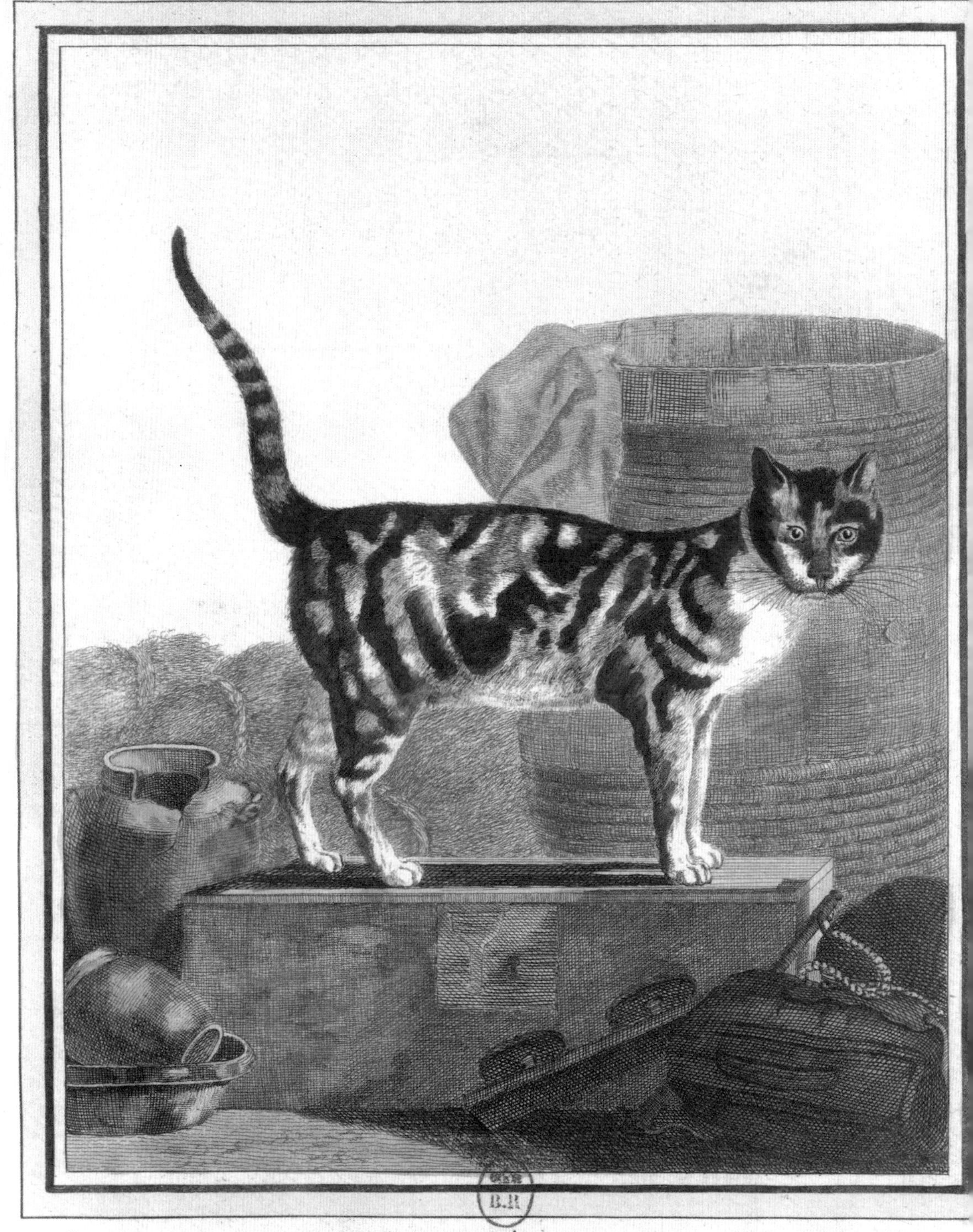

《西班牙猫》，路易 · 罗格朗刻，雅克 · 德 · 赛夫为布丰的《自然史》所设计的，巴黎，皇家印刷厂，创作于 1749—1767 年。

《野猫在新苏格兰》，路易·罗格朗刻，雅克·德·赛夫为布丰的《自然史》所设计的，巴黎，皇家印刷厂，创作于 1749—1767 年。

差不多是在同一时期，弗朗索瓦-勒内·德·夏多布里昂（François-René de Chateaubriand，法国早期浪漫主义代表作家，代表作有《墓畔回忆录》。——译者注）在给马塞勒斯伯爵（comte de Marcellus，1795—1861，法国外交官、古希腊语学者，曾在伦敦任夏多布里昂秘书，在任法驻土耳其大使馆秘书时曾为《米洛斯的维纳斯》运抵法国做出很大贡献。——译者注）的信中写道："布丰对猫做了过于严苛的批评，而我现在力图为猫平反。我希望能够使这个动物在当下的风尚中有一个说得过去的体面身份。"夏多布里昂的愿望在不久之后实现了：猫儿们不声不响地在上等人的房间里取得了胜利。不仅如此，对于猫的宠爱，也不仅仅只体现在对厨房里出没的公猫的容忍（因为猫可以在这里捉老鼠），而是在社会的各个阶层中蔓延开来。奥诺雷·杜米埃（Honoré Daumier，1808—1879，法国著名版画家、讽刺漫画家，法国19世纪最伟大的现实主义讽刺画大师，表现主义先驱。——译者注）的版画为我们展示了这样一幅画面：一对没有孩子的中产阶级夫妇，却有一只宠物猫和一只宠物狗相伴左右，而猫通常情况下是站在女主人一侧的。所有的修道院看门人，或者说"门房"，都有属于自己的猫，晚上它们为整座大楼捉老鼠，而到了白天，它们又在狭窄的房间里陪伴它们寂寞的主人。1828年，亚历山大·马丁·圣-安哥（Alexandre Martin Saint-Ange）医生化名为"凯瑟琳·贝尔纳（Catherine Bernard），门房"发表了一篇名为《论猫的体格与品行训练》的文章，接着又发表了一篇《猫病纠正的艺术》。同年，多题材作家、共济会成员让·勒多（Jean M.-M.Rédarès）同样发表了一篇《基于推理的家猫教育研究……根据肥猫哈东先生》，这篇文章于1835年被重新发表。格朗德维尔（Jean-Jacques Grandville，1803—1847，与杜米埃同时期的法国讽刺画画家。——译者注），备受喜爱的浪漫派插画师，在1840年刊行的《画廊》（*Le Magasin pittoresque*，19世纪法国重要的艺术杂志。——译者注）中发表了一篇名为《猫的神色》的文章，配有20幅有关猫的插图，穿插在各种各样的关于猫的表述之间。1845年，世界上第一套关于猫的完整解剖学著作问世：两卷本的《猫的描述比较解剖学》和一本铜版解剖学图谱。该书作者——阿尔萨斯人埃居尔-欧仁-格里高利·施特劳斯-迪凯姆（Hercule-Eugène-Grégoire Strauss-Durckheim）不得不以署名作者的身份将它出版，但他很快就得到了奖赏：一项由路易·菲利普授予的50 000法郎的奖金。尚弗勒里（Jules François Félix Husson，笔名 Champfleury，法国19世纪著名作家，与同时代的雨果、福楼拜等人交好。——译者注）——现实主义文学的领军人物，波德莱尔、泰奥菲勒·戈蒂耶（Théophile Gautier，19世纪法国著名作家。——译者注）和纳达尔［Nadar，真名为加斯帕尔-费利克斯·图尔纳雄（Gaspard-Félix Tournachon），19世纪法国著名摄影家。——译者注］的朋友——在他的作品《猫：历史、习性、观察、逸事》的前言中举了这个令人惊讶且被赋予启示性的例子。这本有着52幅插图、内含丰富的知识和奇闻趣事的书于1869年出版，新书刚一问世就收获了可观的成绩，出版当年就再版了两次。维欧勒·勒·杜克（Viollet-le-Duc，法国建筑师、画家。法国哥特复兴建筑领域的中心人物，其最有名的成就为修护中世纪建筑。——译者注）、梅里美、古埃及学家埃米尔·普里斯·德·阿韦纳斯（Albert-Émile Prisse d'Avesnes）对这本书中有关古希腊和中世纪时期猫的历史的章节提供了许多资料。和他的前辈蒙克里夫一样，尚弗勒里搜集整理了所有有利于保护猫、抵抗它的攻击者的材料。尚弗勒里从那些爱猫人士中寻求支援，从穆罕默德到黎塞留，到蒙克里夫，再到波德莱尔，并且用德拉克鲁瓦（Delacroix）、马奈（Manet），以及葛饰北斋（Hokusai）的版画为自己的书做插图。尚弗勒里也许读过（他自己并没有提及）让·盖伊（Jean Gay）于1866年出版的《猫：与猫有关的罕见诗歌及散文篇章集萃、趣闻逸事、歌谣、格言、迷信、诉讼等，图像学及目录学笔记》。让·盖伊生于1838年，是比利时出版人、文献学家尤勒斯·盖伊（Jules Gay）的儿子。然而此人并没有进入当时的文学圈，因此他的作品很快就被遗忘了。但是无论如何，作者展示了自己的真才实学，为了本书的写作，他曾向皇家图书馆管理员拉夫纳尔（Ravenel），以及著名的"藏书家雅克布"（Jacob）——阿斯纳图书馆的管理员保罗·拉克鲁瓦（Paul Lacroix，19世纪法国历史题材作家、记者，多以笔名"藏书家雅克布"发表作品。——译者注），咨询了大量信息。在尚弗勒里之后，关于猫的出版物愈发多样起来。我在这里仅举几个例子：如马里于斯·瓦雄（Marius Vachon）在1896年出版的作品；保罗·梅尼安（Paul Mégnin）在1899年出版的作品；朱尔·米什莱夫人（Jules Michelet）在

100 LE CHAT D'ANGORA.

《安哥拉猫》，路易 · 罗格朗刻，雅克 · 德 · 赛夫为布丰的《自然史》所设计的，巴黎，皇家印刷厂，创作于 1749—1767 年。

《买我的小狗吧，我漂亮的安哥拉猫》，普瓦松（Poisson）刻，《巴黎叫卖，素描写生》，版画第 96 张，创作于 1774 年。

DOUZIEME CAHIER DES CRIS DE PARIS,

Dessinés d'après nature par M.r Poisson.

Achetez mes petits Chiens mon bel Angola.

A Paris chez l'Auteur Cloître S.t Honoré maison de la maitrise au fond du jar: din.

1904 年出版的遗作，并带有她的学生与接班人加布里埃尔 · 莫诺（Gabriel Monod）所写的序言及注释。在尚弗勒里的书出版前的大约 50 年的时间里，米什莱夫人的书一直被阻止出版。

在 19 世纪末，动物的竞赛、农场的竞赛，之后是家畜的竞赛，逐渐在欧洲流行开来。正如我们所能预料的那样，最初是在英格兰。欧洲的第一个猫展由哈里森 · 威尔（Harrison Weir）于 1871 年在伦敦水晶宫举行。同样是哈里森 · 威尔，在 1887 年建立了国家爱猫者俱乐部。在巴黎，第一个关于猫的展览在记者费尔南德 · 托（Fernand Xau）的怂恿下于 1896 年举行。接下来，两个著名的爱猫人士，作家皮埃尔 · 洛蒂（Pierre Loti）和画家泰奥菲勒 · 施泰因勒（法国新艺术运动风格著名画家，以广告招贴画创作闻名，他为巴黎黑猫夜总会创作的宣传海报《黑猫》至今仍在纪念品商店里作为巴黎的标志销售。——译者注）于 1905 年在波尔多主持了一次关于猫的展览。1908 年，洛蒂当选 La Patte de velours（一个猫保护联合会）的主席。1926 年，在巴黎，3 只缅甸圣猫在由法国和比利时爱猫者俱乐部联合举办的第一届国际猫展（1913 年）上引起了轰动。养猫人使猫的繁殖活动增多了，因此在整个 20 世纪的进程中，在册的纯种猫品种数量从 16 种增加到了 40 多种。

21 世纪初，猫痴们似乎赢得了比赛，至少是在富裕的国家里赢得了比赛。所有的期刊、电视节目、电影、音乐剧及网站都将猫供为偶像。而猫终于在资本主义世界的消费者们中间，获得了令人向往的地位。正如人类——它们俯首帖耳的仆人一样，这些天生的捕猎者，除非为了解闷，否则它们再也不用去捕猎了。

《坐着的猫》，J.-J. 格朗德维尔，20 幅作品中的其中一幅，墨、水彩、钢笔，为《猫的神色》一文配画，刊登于《风景杂志》一月号，创作于 1840 年。

猫拿到靴子后，马上就穿在了脚上。它将口袋悬挂到脖子上，用爪子将口袋上的绳子勒紧，然后就跑进了一个到处都是兔子的养兔场。它将麸子和生菜叶放进口袋里，四仰八叉地躺在地上装死。它计划着在那里守株待兔，等着某个不谙世事的年幼的兔子前来自投罗网。口袋里的那些东西是用来吸引兔子上钩的。

它刚一躺下去，就有一只不怎么聪明的小兔子钻进了它的口袋，机灵的猫立即收紧绳子，将兔子装在了口袋里。猫很是扬扬自得，带着它的战利品到王宫里求见国王。猫被引到楼上国王的房间，只见它卑躬屈膝地对国王说："尊敬的国王陛下，我代表卡拉巴司侯爵向您敬献他最珍爱的兔子。"这只猫竟然自作主张地将它的主人封为卡拉巴司侯爵。

国王回答说："告诉你的主人，很感谢他的礼物。我很高兴他能挂念着我。"

——夏尔·佩罗（Charles Perraut），《穿靴子的猫》，选自《鹅妈妈故事集》

猫的故事

te deus inuocamus. Pater nr. Et
ne nos. Jube domine benedicere
Alma virgo virginum interce
de pro nob ad dominum. R. Vma

Suncte beatissima v
irgo maria misericor
diter actum pro nobis s
cepte et amplectere ma
redemptoris. Ut preces
nobis quos ecciuis offer
sos ante oculos condito
Tu autem domine mis
re nri. Deo gratias. Anti
Beata es virgo maria dei g
nitrix que credidisti domino
fecta sunt in te que dicta sunt
tibi exaltata es super choros

🐾🐾《救命！救命！卡拉巴司侯爵快要被淹死了！》阿道夫-费朗索瓦·佩内马克（Adolphe-François Pannemaker，1822—1900）刻，古斯塔夫·多雷为《穿靴子的猫》配画，出自《佩罗寓言集》，巴黎，埃策尔出版社，创作于 1862 年。

自13 世纪起，劳伦斯·博比（Laurence Bobis）写道，“猫经常出现在中世纪的动物寓言集的谚语、韵文讽刺故事（fabliaux）、中世纪杂拼诗（fatrasie）、谜语、童话和长篇小说中，也出现在傻剧（sottie，法国在 14 世纪—16 世纪流行的一种滑稽剧。——译者注）和幕间短剧（farce）中，所有的文学体裁都见证了猫在大众文化与精英文化间的过渡历程与转变”。通常情况下，猫总是与那些想让猫学习阅读和音乐的傻子，那些把猫裹在襁褓里当小婴儿的傻子，以及那些给猫系上铃铛以使它无法捕鼠的傻子，或者那些既不提防它们的花招也不提防它们的爪子的傻子和孩子联系在一起。在我们今天的一大批谚语中，猫才是主角。从中世纪到 17 世纪的插画集中，我们都可以找到诸如此类的证据，例如从雅克·拉尼耶（Jacques Lagniet）出版于 1657 年的蚀刻铜版画中，我们发现了对 1640 年“阿拉斯之围”的新的影射：“西班牙人被耗子啃得一贫如洗，这在我们看来像是一个奇怪的景象。而实际上，折磨人们、啃噬人们的是‘阿拉斯之围’的失守。”

🐾《一个傻子希望教会猫阅读》，《巴黎日课经》页边彩绘，上色手抄本，创作于 1480—1500 年。

🐾《舒服得像洗澡的猫》（意为：难受得像热锅上的蚂蚁），著名谚语，《卢昂日课经》，上色手抄本，卢昂，创作于 15 世纪末。

Turbatus est a furore
oculus meus inueteraui inter
omnes inimicos meos
Discedite a me omnes
qui operamini iniquitatem
quoniam exaudiuit dominus uocem
fletus mei
Exaudiuit dominus depreca
tionem meam dominus
orationem meam suscepit
Erubescant et conturbe
tur vehementer omnes inimici
mei conuertantur et erubes
cant valde velociter Gloria
Beati quorum remisse
sunt iniquitates

aussi aise que vng chat
qui seroit en vng puis

《舒服得像井台上的猫》，著名谚语，《卢昂日课经》，上色手抄本，卢昂，创作于 15 世纪末。

《猫和小猫抓老鼠和小老鼠，老鼠知道的很多，但猫知道的更多，暗夜里的猫都是灰色的》，雅克 · 拉尼耶（1600? —1675），出自《著名谚语集》，巴黎，创作于 1663 年。

《生活多么甜蜜》，雅克布 · 曼瑟姆（Jaco Matham，1571—1631），根据阿德里安 · 凡 · 德 · 费恩作品创作，《1500—1630 年诙谐滑稽剧作集》，创作于 17 世纪。

回忆“翻转的世界”：曾经的敌人、猫和狗，一起跳舞，老鼠在他们的脚边嬉戏。

HOE SOET

DE LIEFDE .

《猫自封为主教》及《列那狐与猫》，首字母装饰，让 · 德 · 帕佩罗（Jean de Papeleu）为《玛丽 · 德 · 弗朗斯童话集》配画，约创作于 1295 年。

中世纪初，人们开始编纂寓言故事集并将其命名为“ysopets”，因为这些寓言故事大都从古希腊寓言家伊索那里得到了灵感，正如伊索的拉丁语接班人费德尔（Phèdre，拉丁语名为 Caius Iulius Phaedrus 或 Phaeder，公元前 14 世纪用拉丁语写作的古色雷斯地区的寓言作家，其大部分作品为重写伊索寓言的作品。——译者注）一样。后者能为人所知起初是由于其作品的众多改编版本，因为他的《寓言集》直到 1596 年由弗朗索瓦 · 皮图（Francois Pithou，16 世纪法国著名法学家、学者，发现并整理了以手稿形式散落在图书馆中的《费德尔寓言集》，并将其出版。——译者注）发现其手稿不久之后才出版。拉 · 封丹从伊索寓言中汲取了大量灵感和素材。而这些寓言集中最出名的一个在 12 世纪由女诗人法兰西的玛丽（Marie de France，法国中世纪女诗人，将大量伊索寓言从中世纪英语翻译成了法语。——译者注）编纂而成。这其中包括列那狐的故事、猫的故事，以及变成了教皇的猫的故事。伊索寓言的主题同样也出现在了《列那狐的故事》——在 12 世纪—13 世纪几经充实并于 1934 年由莫里斯 · 热纳瓦（Maurice Genevoix）改编的系列故事中。在这些故事中，提伯猫（Tibert）诡计多端的程度和列那狐不相上下。卡洛 · 科洛迪（Carlo Collodi）在为他取得广泛成就的童话故事《匹诺曹》（*Pinocchio*，1881）中记载了这个故事：在这里，我们再次看到了猫和狐狸两个狡猾而诡计多端的形象，它们欺骗了

主角匹诺曹。另一个寓言故事的来源则启发了拉·封丹创作《猫，黄鼠狼和小兔子》（*Le Chat, la Belette et le Petit Lapin*）和《猫和老师》的古印度寓言集《卡里莱和笛木乃》（*le Livre de Kalîla et Dimna*）。《卡里莱和笛木乃》被推测是一个本名为《印度寓言集》（*Bidpaï*）的作品译本，这部作品取材于讲述印度文明的诗史《五卷书》（*le Pantchatantra*，古印度著名韵文寓言集。原文以梵文和巴利文写成。最早的版本出现于约公元前 3 世纪，但久已佚失，现存的文本最早可以追溯到 6 世纪。此后该书被译成各种文本，传播到世界各国。法国国家图书馆现存叙利亚文版，成书约在 1300—1325 年。——译者注）。该书最初由梵文在公元 200 年前后写成，后被译成波斯文，最终由伊本·穆卡法（Ibn al-Muqaffa，约公元 724—759，阿拉伯著名文学家、哲学家。波斯设拉子南部人。出身尊贵，学识渊博，家族原信奉琐罗亚斯德教，后改宗伊斯兰教。精通政治学、伦理学、哲学，其著作将希腊文化、波斯文化与伊斯兰文化融为一体，是阿拉伯世界重要的文化名人。——译者注）在约公元 750 年改编为阿拉伯文。故事中的两只“主人猫”——卡里莱和笛木乃轮流讲着逸闻趣事，并且讲解为人处世、品行操守的原则。这

本道德寓言故事集或许是为了当时王室子孙们的道德教育而作，并且在知识阶层中赢得了巨大的好评。这本书被广泛翻译成各种语种，如波斯语、土耳其语、蒙古语和拉丁语。它的副本是带有彩色

《猫，黄鼠狼和小兔子》，铜版画，埃米尔-弗洛朗坦·多蒙（Émile-Florentin Daumont）刻，亚历山大-加布里埃尔·德康（d’Alexandre-Gabriel Descamps，1803—1860）画，创作于 1888 年。

《夜莺，野兔与猫》，出自《卡里莱和笛木乃》，纳斯尔-奥拉·穆希（Nasr-ollâh Monchi）译，上色手抄本，伊朗，设拉子，约创作于 1390 年。

Il nous dit : Ne pleurez pas, agissez ! peut-être à quelques pas d'ici, l'ennemi veille dans l'ombre

字母或小彩画装饰的版本，后由旅行者带入欧洲的各个大型图书馆。1644 年，《卡里莱和笛木乃》的一个法文译本由吉尔贝·戈尔曼（Gilbert Gaulmin）发表。在相隔近两千年的时间里，伊索与拉·封丹为猫在希腊（8 次）和法国（16 次）塑造了一个

"别哭了，行动吧！……也许在这几步远的地方，敌人就在阴影里暗中观察……让我们试着躲过他……我不止一次地观察过这个人类发明的捕鼠夹，如果我没搞错，不是没可能逃脱。这个刚刚把我关起来与科学中所说的'杠杆'有关，我爸爸是图书馆里的老鼠，他对这个知道一点！"

🐾《哲学鼠》，J.-J. 格朗德维尔为爱德华·勒穆瓦纳（Édouard Lemoine）的文章配画，《动物的私生活和非私生活》，P.-J. 施塔尔（P.-J. Stahl）作序。

✤《猫和老鼠》，出自《卡里莱和笛木乃》，纳斯尔-奥拉·穆希译，绘画手稿，巴格达或大不里士，约创作于1380年。

不太招人喜欢的形象。假设猫符合拉·封丹的《阿提拉老鼠》，或者好一点，《亚历山大猫》里的形象，那么猫是带着狡猾、残忍、奸诈捕食的，如在《猫，黄鼠狼和小兔子》中，为了自己的利益抛弃了朋友，就如《猫与两只麻雀》（*Le Chat et les Deux Moineaux*）中所描绘的那样。猫的各种各样的绰号也显示出了给它起名的作者对它的蔑视：肥胖大先生、烤肥肉、奶酪小偷、感冒娇气包……它们的姓指向“穿皮袍的猫”（“chats fourrez”，当时法官所穿的外套都用猫皮。——译者注），拉伯雷曾用这个说法来取笑自己作品中的司法人员。弗洛里安（Jean-Pierre Claris de Florian，1755—1794，法国作家，伏尔泰的侄孙，代表作为1792年出版的五卷本《寓言诗》。他是法国文学史上继拉·封丹后最重要的寓言诗人。——译者注）于1792年出版的寓言集充满着道德教化的光芒，其中的十多个故事都用了猫做主角。这些寓言证明了道德状况在18世纪的一个令人欣喜的演进。《猫与镜子》（*Le chat et le miroir*）以这样一种敦促的口吻开场：

皓首穷经的哲学家，

想要解释那些人们不解释的东西的人，

我请求您，敬请聆听，

这猫儿的最智慧的俏皮话。

《猫与老耗子》，迪蒙（Dumont）刻，古斯塔夫·多雷为《拉·封丹寓言》配画，巴黎，创作于1868年。

《夜莺，野兔与猫》，《卡里莱和笛木乃》，纳斯尔-奥拉·穆希译，上色手抄本，伊朗，设拉子，约创作于1380年。

故事的主角，经过了多次想抓住自己的镜像模样无果后，“扔下了镜子又回头去找老鼠了”，并且得出了这样的结论：

如果有样东西，我们的精神，
在漫长的努力之后，既听不见也抓不住，
那它对我们来说从来都是不重要的。

《两只猫》讲述了一对“出身于高贵的罗狄拉家族”的猫兄弟的故事。［罗狄拉（Rodilard），拉·封丹的寓言《老鼠开会》中猫主角的名字，意译为“烤肥肉”。——译者注］一只猫辛勤捕猎而另一只却游手好闲，后者总是“脑满肠肥”，并且对它的兄弟发号施令。越过乏味的道德边界，它教导道：“那么，成功的秘诀，并非是变得有用，而是变得聪明。”寓言诗的结尾也展示了一只沙龙猫的到来：

🐾🐾《老鼠开会》，出自《拉 · 封丹寓言选》，多位东京插画师在 P. 巴尔布托（P. Barbouteau）的指导下创作，东京，创作于 1894 年。

而我，我休息在主人脚边，
我知道如何撒欢儿去讨他喜欢。
拒绝他的菜食，除非他训斥，
我挑出最好的肉，然后用我天鹅绒般柔软的爪子，
继续向他讨要。

在寓言故事中，猫通常具有虚伪和残忍的属性。然而，这恰好使它成了一个积极的主角，即使它有时是有点不道德的。不像马和狗这些专为贵族准备的宠物，猫大多数是农民、水手、商人的陪伴者。如果它是卑躬屈膝的，它可以对他主人的成功做出贡献。关于威尼斯的建立的传说，阿尔贝 · 德 · 斯塔德（Albert de Stadt）在他于公元 12 世纪撰写的编年史中，讲述了一个批发商因自己的两只极富捕猎天赋的猫而发家致富的故事。在英国，迪克 · 惠丁顿（Dick Whittington）的故事（英国著名民间传说）——“三次当选伦敦市长”是猫帮助主人致富这一主题的另一首变奏曲。这部戏剧于 1605 年取材于理查德 · 惠丁顿（Richard Whittington，1354—1423）的真实的人生经历。然而真正令这位商人声名远扬的则是 19 世纪的著名哑剧——《迪克 · 惠丁顿和他的猫》。这部哑剧讲述了出身寒门的主角在他的猫的帮助下，逐步成为伦敦市长、国会议员、国王的债权人，以及大量慈善工程的捐助人的故事。事实上，真正的惠丁顿从来没有贫穷过，而我们对他那只传说中为他在商船（那条商船的名字在当时被命名为“猫”）上捉老鼠以保全他财产的猫也知之甚少。这个故事的原型可能来自一个波斯童话：一个孤儿在他的猫的帮助下致富的故事。教士阿洛托（Facetiae Arlotto）于 1483 年出版的《阿洛托俏皮语录》（*Novella delle gate*）中发现了类似主题的内容。在同类主题的故事中，《穿靴子的猫》（*Le Chat botté*）无疑是最负盛名的一个。这个故事最早出现在乔瓦尼 · 弗朗切斯科 · 斯特拉帕罗拉（Giovanni Francesco Straparola，1550—1556）的《愉快的夜晚》（*les Piacevoli notti*）中，进而在夏尔 · 佩罗的口语版寓言集中被广泛传播开来。一只说话的猫，一只作为遗产被磨坊主家的小儿子所继承的会说话的猫，

用各种花招诡计帮助主人成了公主的丈夫。作为交换，猫需要得到安全且有保障的生活。年轻人接受了这场交易，因为：

> 不管怎么说，这只猫还确实有点表演的天赋和狡猾的心眼。它在捉老鼠的时候，不管是大老鼠，还是小耗子，都逃不出它的手掌心。它总有办法藏在面粉里或倒挂着装死，就在老鼠放心大胆地走近它时，它才会突然跃起抓住老鼠。

这个最初发表在《鹅妈妈故事集》（1697）中的故事穿越了若干个世纪和语种，启发着包括格朗德维尔、古斯塔夫·多雷（Gustave Doré）在内的无数画家的创作。雅克布·格林（Jacob Grimm）（《格林童话》的作者之一。——译者注）将它收录在自己的《格林童话》中，路德维希·蒂克（Ludwig Tieck，德国早期浪漫派重要作家、批评家，擅长讽刺与幻想题材，《穿靴子的猫》是他的代表作 。——译者注）将其改编为戏剧。穿靴子的猫在柴可夫斯基《睡美人》的第三幕中有一个小角色。实际上，出现在《怪物史莱克》电影中的靴子猫并非原创，而是一只将字母“P”刻在剑尖上的英国籍“靴子猫”（Pussy，好莱坞电影《怪物史莱克》中以穿靴子的猫为原型的剑客“靴子猫”的名字，英语“猫”的意思。——译者注），在法语版电影中它叫“Chat Potté”（“穿靴子的猫”在法语中的本名为“le chat botté”，而法语中B、P发音相同，故将该电影人物名翻译为Potté，以求区分开，并做了一个文字游戏。——译者注）。我们注意到，当时间进入21世纪，这只穿靴子的猫再也不从自己捕鼠的天赋中汲取力量了，而是用自己卖萌的眼神去软化对手。

在多尔诺瓦夫人（Marie-Catherine d’Aulnoy，1651—1709，法国著名童话作家。代表作有《白猫公主》《青鸟》等。——译者注）的《白猫公主》中，猫依然是以一个神奇的引导者与保护者的形象出场的。塞居尔伯爵夫人（La comtesse de Ségur，1799—1874。法国儿童小说的开创者，56岁开始为孙辈们写作。因其儿童小说，特别是《毛驴自传》，而深受读者喜爱，被誉为“法兰西所有孩子的好祖母”。——译者注）实际上是从多尔诺瓦夫人那儿得到了启发，在其于1857年出版的《仙

♣♣《像这样的猫很少见》，《儿童剧场》，“儿童美德与休闲阅读”文丛 NO.169，《穿靴子的猫》戏剧场景书，巴黎，德雅尔丹，创作于1884年。

女故事集》（*Nouveaux contes de fées*）中，将《金发小姑娘的故事》（*Histoire de Blondine, de Bonne-Biche et de Beau Minon*）里的巴菲王子变成了猫。

其实，许多童话故事最初是为成人世界准备的，但是渐渐地，猫成了儿童文学里的明星。这个现象自 18 世纪以来得到迅速发展，并到 1934 年出现了以猫命名的童话故事集，如马塞尔 · 艾梅（Marcel Aymé）的 17 篇系列童话《住在高处的猫》。

猫进入孩子们的图书馆最初是从英国人送给孩子们的“礼品书”（keepsake）中的插画开始的。后来到了 19 世纪下半叶的法国，舍瓦利耶–德索尔莫夫人（Madame Chevalier-Désormeaux）创作的《小猫的回忆》（*Mémoires d'une petitechatte*）以漂亮的硬壳精装形式出版，那本书的封面上还画了一只坐在软垫子上的猫。同年，阿歇特出版社（Hachette）将英译的儿童故事集《狗与猫，或舰长与小猫》（*Chien et chat, ou Mémoires de Capitaine et Minette*）放入了为“玫瑰插画图书馆”文丛所做的目录中。而这本带有 45 幅页边装饰图案的书，其实已经于一年前以另一个译名由出版人贝尔热 · 勒夫罗（Berger Levrault）出版。1864 年欧仁 · 尼昂（d'Eugène Nyon）创作的《羊皮袄与屠杀：一只猫匆匆写就的回忆录》（*Moumoute et Carnage: Mémoires d' un chat griffonnés par lui-même*）出版了，为了给其颁发新人奖，巴黎市历史图书馆（la Ville de Paris）于 1880 年再版了这部作品。而埃内斯特 · 德 · 埃尔维利（Ernest d'Hervilly），维克多 · 雨果的好朋友，也在 1886 年创作了一部老少皆宜的作品《航海图上的猫》（*Le Chat du Neptune*）。这部作品讲述了一只名叫汤姆的、被船上的二副利基亚尔从海上

舍瓦利耶–德索尔莫夫人，《小猫的回忆》，巴黎，丰特尼与佩尔蒂埃出版社，创作于 1862 年，封面与扉页插图。

Il s'amusait quelquefois à son insu, à me mettre des bonnets en papier. Fr.

UN CONTE
D'Hoffmann

卡尔·奥夫特丁格（Carl Offterdinger，1829—1889），《霍夫曼童话，卡塞-努瓦塞特公主和老鼠国王的故事》封面图，E. T. A. 霍夫曼（1776—1822），巴黎，创作于1883年。

救起的猫所遇到的各种幸运与不幸。以上所有的文本都是按既定思路创作的，是非常循规蹈矩的作品。而关于猫的幻想文学则是从刘易斯·卡罗尔（Lewis Carroll）笔下开始的。《爱丽丝梦游仙境》（1865）中的柴郡猫把自己隐藏在一种令人不安的诡异笑容背后。正如这只英伦味十足的魔幻猫所期待的，它让超现实主义创作者着了迷。我们在2002年威尔士作家贾斯珀·福得（Jasper Fforde）——天才的时间悖论创造者有关文本遗传学的作品《迷失书中》（*Lost in a good book*）中又见到了它。作家在书中自然而然地承担了图书保管员的角色：这是一所奇怪又令人向往的伟大的图书馆，那里不仅有世界上所有从没写成的书，也有将要写的书，还有从未出版过的书。以猫为主角的童话书数不胜数，特别是在盎格鲁-撒克逊文学中，在此我不一一列举。我在这里仅举两例，一部是莫里斯·热纳瓦（Maurice Genevoix）的《唬：小黑猫成长记》（*Roû*），1931年发表；另一部是《珍妮》（*Jenine*），1950年由美国作家保罗·加里克（Paul Gallico）发表。这个故事展现了一个变成猫的小男孩儿由一只性格坚强的母猫引导探访了伦敦贫民窟的种种生活。

《娃娃小姐的故事》，贝娅特丽克丝·波特（1866—1943），伦敦，弗雷德里克·沃恩出版社，创作于2002年，PP.24—25。

事实上，也正是猫启发了大量插画师的灵感，从贝娅特丽克丝·波特（Beatrix Potter）到拜亚曼·拉比耶（Benjamin Rabier），再到娜塔莉·帕兰（Nathalie Parain），在此我就不一一列举了。面对猫的世敌——狗，以及它的老对手——老鼠，猫在漫画与动物画中拥有广阔的表现空间。我在此仅举《猫儿历险记》（*Les Aristochats*，1970）一例。所有人都知道它那首备受喜爱的主题曲《所有人都想成为猫》，这是沃尔特·迪士尼（Walt Disney）生前制作的最后一部动画长片。

无须多言，对于孩子们来说，"书中的猫"或"纸上的猫"都取得了很大的成功。正如尚弗勒里在《猫》（*Les Chats*）一书中指出的事实：

> 猫在最贫穷的家庭中的出场，它不时闪现的侧影，它极易被记住的特别的叫声，解释了这种动物为何能如此频繁地出现在小孩子们的记忆中。人们以猫为主题创作了一整部童谣集。

"在许多儿歌的旋律中，猫总是优先出场。"苏格兰作家康普顿·麦肯齐（Compton Mackenzie）在《猫公司》（*Cats' Company*，1960）一书中写道。《小猫咪，小猫咪》（*Pussy cat，Pussy cat*）这首于 1805 年出现在《童谣集》（*Songs for the Nursery*）中的歌谣是英国最受欢迎的儿童歌曲。从 19 世纪开始，识字读本和图画书为那些名字适用于所有文字游戏的小猫咪创造了很大的空间。爱德华·里尔（Edward Lear，鸟类学家、画家、滑稽诗诗人、科幻文学先驱）——刘易斯·卡罗尔的灵感启发者，以天才般的文采创作了一系列有关这一主题的作品。他于 1867 年出版了名为《猫头鹰和小猫咪》（*The Owl and the Pussy Cat*）的打油诗诗集。这本书起初是为其雇主的孩子们阅读而写。里尔同时也是一本趣味识字书的作者，这本书的配图生动活泼，图画原型来自作者本人的宠物猫福斯（Foss）。这本书的手稿现被保存在伦敦的维多利亚和阿尔伯特图书馆中。

这是一只可爱的小猫，有大而亮的眼睛，背部与尾巴有条纹。

爱德华·里尔（1812—1888），维多利亚与阿尔伯特图书馆，《无意义的字母表》，伦敦，创作于 1952 年。

凭借他诡异的措辞和表达手法，罗伯特·德斯诺斯（Robert Desnos）为他的朋友利兹（Lise）和保罗·德阿尔姆（Paul Deharme）的孩子们写了一本名为《特里斯坦动物园》（*La Ménagerie de Tristan*）的诗集，并配有他自己手绘的插画——此诗集被收录在 1975 年在伽利玛出版社出版的德斯诺斯诗选《随意的宿命》（*Destinée arbitraire*）中。这本书的手稿现存于雅克·杜塞图书馆。

用一种最刻薄的语调，莱昂-保罗·法尔格（Léon-Paul Fargue）在其 1930 年出版的诗集《沉浮子》（*Les Ludions*）中的《猫之歌》一诗中，戏仿了那种人们哄小孩子和宠物时常使用的“呆萌”的语言。在朱利埃特·拉阿伯（Juliette Raabe）看来，这首诗为了“达到崇高”，“超越了戏言”：

> 它跳上窗子，
> 磨起漂亮的小牙齿，
> 因为看到屋顶上，
> 鸟头冠子闪闪，
> 飞——！
> 乱扔扔。

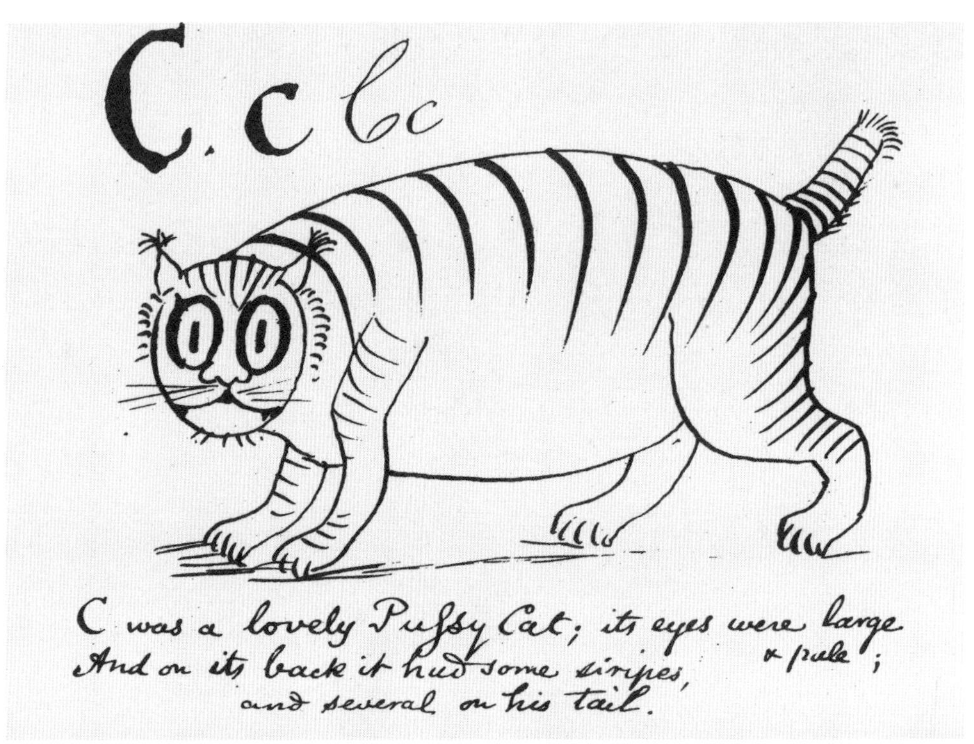

猫不在身边，婴儿又哭闹起来，女人怎么哄也哄不好，婴儿蹬踢着小腿，哭得脸都变色了。

“哦，我的敌人，我敌人的妻子和我敌人的儿子的母亲，把你纺的一根线拴在你的纺车转轮上，然后拉过地板，我来把你的儿子逗笑，使他笑得同他哭的声音一样响亮。”

“我照你的话办，”那个女人说，“因为我现在实在没有办法了，不过我不会为此感谢你。”

她照猫所说的拴好了线，猫马上跑过去扑线头，它一会儿用爪子去拍，一会儿又翻个跟头，一会儿把线头抛起来，让它钻过自己肩头，但又突然用后爪接住线头，然后停住；它一会儿假装找不到线头，一会儿又突然扑在线头上，逗得小婴儿笑个不停，也跟在猫身后爬起来，同猫一起嬉戏。最后，小家伙玩累了，抱着猫呼呼地睡着了。

“你听，”猫说，“我现在要为你的小宝宝唱支歌，伴着这支歌他起码要睡上一个小时。”猫开始咕噜咕噜地哼了起来，一声高一声低，小宝宝果然睡得香甜。

——拉迪亚德·吉卜林（Rudyar Kipling），《独来独往的猫》，
选自《丛林故事》

猫之爱

a Paris chez Odieuvre Md destampes quay de l'Ecole vis a vis le coté de la Samaritaine a la belle Image.

《亲爱的猫咪》，吉勒 · 德玛尔特（Gilles Demarteau，1729—1776）刻，铜版复制铅笔画，弗朗索瓦 · 布歇（François Boucher，1703—1770）画。

《两个孩子和一只猫的睡眠》，弗朗索瓦 · 布歇，蚀刻铜版画。

在由林堡兄弟（les frères Limbourg）于1415年前后创作的《杜贝里公爵特雷斯描金日课经》（*Très Riches Heures du duc de Berry*，中世纪法国哥特式泥金装饰手抄本祈祷书。由林堡兄弟为赞助人约翰·贝里公爵而作，因林堡兄弟去世而未能完成，后由多位艺术家继续创作，于15世纪后期完稿。现藏于法国尚蒂伊城堡内的孔代博物馆。——译者注）中我们可以看到，在1月，公爵和他的狗一起参加宴会，狩猎做伴。而在2月，艺术家绘制了一幅农舍的室内场景图，一只白猫倚在它主人的身边对着炉火取暖。猫长期以来都是属于农家粗人养的动物，晚近的时候，猫才成了资产阶级与贵族阶层的象征。我们可以从奥托·冯·韦恩（Otto van Veen，1556—1629）于1584年创作的绘画作品《艺术家与他的家庭》（*L'artiste et sa famillle*）中发现最早的猫参与到儿童游戏中的例证。这幅作品现藏于法国卢浮宫博物馆。这幅画的近景是一只被幼童抚摸着的漂亮白猫，孩子似乎并不害怕猫爪子可能会突然袭来的攻击。这是一个十分特殊的场景，我们注意到，这一时期所有在画中出现的人物的名字都被标注在图画下方的注释

《小女孩和襁褓中的猫》，吉勒·德玛尔特刻，铜版复制铅笔画，弗朗索瓦·布歇（1703—1770）画。

《裹着襁褓的猫（孩子的游戏）》，吉勒·德玛尔特刻，铜版复制铅笔画，弗朗索瓦·布歇画。

位置，除了猫。朱迪斯 · 莱斯特（Judith Leyster，1609—1660，荷兰黄金时代著名女画家。——译者注）现存于伦敦国家美术馆的作品《男孩、女孩与小猫》，既展示了一幅日常的室内生活场景，又是一幅愚蠢荒唐的寓意画。画中的两个孩子表现出一种懵懂的状态，因为他们显然对猫的锋利爪子毫无防备。

襁褓中的猫和怀抱它的成年人或少年是 17 世纪荷兰油画和版画中的一个重要主题。这一场景在圣蜡节时的“颠倒世界”主题中再次出现，人们把猫怀抱在襁褓里，以此纪念约瑟对耶稣的养育。在 18 世纪，这个已经失去了所有的宗教或符号学意义的主题出现在了有关孩子们调皮捣蛋的游戏记录中：猫不再是被虐待的对象，反而成了被溺爱的宝贝。一系列由吉勒 · 德玛尔特根据弗朗索瓦 · 布歇的绘画作品所创作的铅笔版画尤其展示了小孩和或驯良或桀骜的猫一起玩洋娃娃的场景。不仅如此，孩子们还像照顾宝宝一样把猫包在襁褓里，看护它们，用勺子给它们喂食。其中有一幅画名叫《亲爱的猫咪》。

89

《小猫咪》，第 12 号作品，马尔尚夫人，创作于1822 年。

《夜晚。女孩与她的猫》，让 · 约翰 · 戈德弗鲁瓦（Jean dit John Godefroy，1771—1839）刻，伊丽莎白 · 肖代（Elisabeth Chaudet，1767—1832）画。

让·奥诺雷·弗拉贡纳尔（Jean-Honoré Fragonard）也创作了以“襁褓中的猫”为主题的作品，该作品于 1778 年被他的嫂子玛格丽特·格哈特（Marguerite Gérard，法国 18 世纪末、19 世纪初著名的女画家之一，善画家庭亲情题材作品。——译者注）刻成了版画。维克多·雨果在《悲惨世界》中也重述了这一主题。我们在书中看到德纳第家的孩子们和他们的猫一起玩洋娃娃，而珂赛特模仿着她们把自己的小钻刀裹在襁褓里当洋娃娃哄。（见《悲惨世界》第三部《珂赛特》第三卷《完成他对死者的承诺》，小钻刀是悲惨的珂赛特唯一的玩具。——译者注）

在《猫》一书中，跟随着施泰因勒灵活笔触的无言讲述，我们可以看见一个小女孩，她看起来还像个婴儿，却用手捉住了一只黑猫，强行把它裹进襁褓里，小女孩也因此被猫抓伤，然后回到她的洋娃娃那儿去了。小女孩因为自己无意识中的残忍受到了惩罚，我们可以由此感受到画家对于猫的强烈的热情与喜爱。但实际并非总是如此，长期以来，猫一直扮演着受气包的角色，并且没有人对此表示不满。我们可以在福楼拜未完成的小说《布瓦尔和佩库歇》中看到猫被小孩子残酷虐杀的故事，同样的情节也存在于儒勒·列那尔（Jules Renard）的《胡萝卜须》（*Poil de carotte*）中。《米歇尔老娘》（*C'est la mère Michel*，1820 年左右流行的一首法国儿歌。——译者注）中米歇尔老娘丢了猫的故事，以及莱斯特库（Lustucru）老爹对她的回答“为了一只兔子您卖了猫”，成了一首经久不衰的童谣。

让–巴蒂斯特·佩洛诺（Jean-Baptiste Perronneau，1715—1783）是最早一批将猫作为陪伴儿童的宠物放入绘画近景的画家之一，时间是大约 1745 年。而弗郎索瓦–于贝尔·德鲁埃（François-Hubert Drouais，1727—1775）延续了他的范式。让–巴蒂斯特·克鲁泽（Jean-Baptiste Greuze，1725—1805）画了诗人巴屈拉尔·德·阿诺（Baculard d'Arnaud）5 岁的儿子试着将一黑猫揽入怀中的场面。这幅画现存于法国特鲁瓦（Troyes）博物馆。小莫罗（Moreau le jeune）于 1777 年先后为伦敦和日内瓦的卢梭的《爱弥儿》的出版商创作了一幅极其温馨、传奇的家庭室内生活场景：“这

《抱猫的男孩》，春心铃木（Harunobu Suzuki，1724？—1770），铜版画。

自然的法则啊！你为何要因它而烦恼？”我们在作品中看到了两个孩童半裸着身体嬉戏，年龄稍大的那个打算将一只白猫抱在怀里。这些小女孩或少女与猫相伴的形象从19世纪开始逐渐变得丰富起来。我们可以在路易斯–利奥波德·布瓦伊（Louis-Léopold Boilly）的画笔下看到她们，也可以在西奥多·杰利柯（Théodore Géricault）、雷诺阿（d'Auguste Renoir）和藤田嗣治（Tsuguharu Foujita，法籍日裔画家，其作品见本书第97页。——编者注）的作品中与她们相遇。此处我仅列举几个最著名的例子。

施泰因勒抓紧每个机会，以他的女儿和他的一群猫为主角创作广告招贴画，由此开启了一个明信片与日历以猫和小女孩儿为主题的繁荣时期（其作品见本书第98—103页）。在1872年出版的《镜子的另一边》中，刘易斯·卡罗尔讲述了爱丽丝与两只小猫的游戏。一只白猫与一只黑猫是母猫迪娜（Dinah）的幼崽。爱丽丝没有把小猫们当成自己的娃娃，而是将其视为情人。在贝娅特丽克丝·波特可爱的故事《小猫汤姆》中，小猫们是调皮捣蛋的小魔鬼，它们的妈妈——维多利亚风格的忠实粉丝塔比莎（Tabitha）总想把它们打扮成时髦小孩。克罗迪的童话《匹诺曹》因沃尔特·迪士尼于1940年据此改编的同名动画电影而在全世界的孩子们中间扬名，这部电影同样也是迪士尼最成功的作品之一。这部电影中出现了两只猫的形象：被迪士尼拟人化了的狡猾的热代翁（Gédéon）——这一点没有在原著中被明确提到，以及盖比特（Geppetto）的猫费加罗（Figaro）——迪士尼自己创作了这个形象。热代翁是古老传统的继承人；费加罗正相反，它是一只娇生惯养的宠物猫，就像孩子们今天在自己家里养的，或者在图画书中看见的一样。并且从目前来看，在年轻观众当中，费加罗显然比热代翁更得人心。

然而，调皮可爱并不适用于形容猫的性格，和狗相反，它们对老鼠总是又抓又咬，并且始终充满敌意。这种行为我们姑且还能接受，但它们对待小鸟也用同样的方式就让我们难以接受了。在戈雅（Goya）的代表作《红衣孩童》（*Don Manuel Osorio Manrique de Zuniga*，油画，1786年，现存于纽约大都会艺术博物馆。——译者注）中，孩童用一根线牵着

合川珉和（Aikawa Minwa，卒于 1821 年），木刻版画，《在其他玩具中间的陶土猫》，出自《通神画谱》，创作于 1834 年。

Mouchet pinx.   Le Cœur sculp.

LES CHAGRINS DE L'ENFANCE.

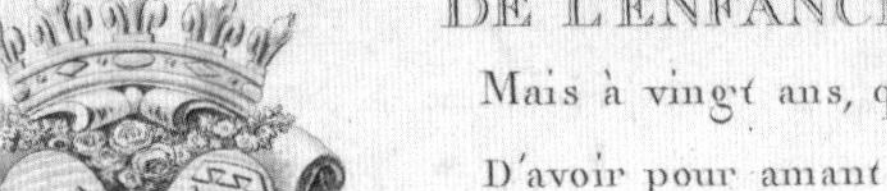

Il est des peines pour chaque age :
A dix ans, c'est un grand malheur
Qu'un oiseau sorti de sa cage ;
Mais à vingt ans, quelle douleur
D'avoir pour amant un volage !

Le Berger Sylvain

Dédiée et presentée à Son Altesse Sérénissime
Madame la Duchesse de Bourbon.

A Paris, chez l'Auteur, rue Saint Jacques.
Nº. 55.

Par son très humble et très Obeissant Serviteur
Le Cœur.

一只喜鹊，在他俩身后，两只猫用阴森恐怖的眼神紧紧盯着他们，使喜鹊不知不觉地进入了危险之中。戈雅于1791年创作了另一幅与之相似的肖像画《唐·路易·马利亚·德·西斯特》（*Don Luis Maria de Cistue*）。在画中，一个小孩子由一只小狗陪伴着。这幅作品给人的感觉是平淡无奇，并不存在令人恐慌不安的元素。画家似乎有意在第一幅作品中表现出猫在传统象征意义中窥伺着无辜者、令人担忧且诡异的样子。这种想法同样出现在威廉·霍加斯（William Hogarth，18世纪英国著名画家、版画家、欧洲连环漫画的先驱，作品以政治讽刺为主，被誉为英国绘画先驱。——译者注）的《格雷厄姆家的孩子们》（*Les Enfants Graham*）中。这幅创作于1742年的作品至少也传达了同样一种寓意——一只虎斑猫用凶狠的眼神盯着笼子里的金丝雀。金丝雀在传统意义上总与基督教相连，它象征着激情和灵魂的不朽。

相反地，在由穆谢绘制，路易·勒·克尔（Louis Le Coeur）制成版画的作品中，一只飞翔的鸟则从一只漂亮的白色安哥拉猫面前逃走了，那是与猫很难相处的另一种宠物。这幅优雅的图画中没有宗教符号，《苏菲的遭遇》（*Les Malheurs de Sophie*，1859）中名为“猫与灰雀”的章节中也没有。一只被苏菲和她的哥哥收养的小猫咪“小可爱”，因为自己干的坏事而送了命——它因吃掉了主人家养的灰雀而受到苏菲父亲的严厉惩罚，父亲将“小可爱”开膛破肚以期救出灰雀。“可怜的‘小可爱’，”苏菲写道，“你就这么死了，因为你的错误。”猫，对于略带刻薄的塞居尔夫人而言，是一种如布丰所言的“非常容易习得社会规则，但从不改变道德品行”的动物。

我们知道，毕加索选择了“猫吃鸟”这一主题创作了自己在西班牙格尔尼卡轰炸后的两幅作品，以此表现法西斯的暴行（毕加索的《猫捉小鸟》（1939）和《猫吃小鸟》（1939），现存于巴黎毕加索美术馆。——译者注）。与此同时，阿尔特·斯皮格尔曼（Art Spiegelman，美国当代著名漫画家，波兰裔犹太人。《鼠族》是其花13年时间创作的描写犹太人大屠杀的自传性作品。——译者注）在他的《鼠族》（*Maus*）中，用猫代表纳粹，老鼠代表犹太人。猫代表着极权政体，小鸟或老鼠则是被迫害的对象，同情心会在目击者的心中油然而生。这个令人忧

《童年的忧愁——献给尊贵的波旁公爵夫人阁下》，路易·勒·克尔刻，着色凹版印刷，弗朗索瓦-尼古拉斯·穆谢（François-Nicolas Mouchet，1750—1814）画。

《朱莉·马奈与她的猫》，贝尔特·莫里索（Berthe Morisot，1841—1895），约创作于1889年。

朱莉·马奈是贝尔特·莫里索和欧仁·马奈（著名画家爱德华·马奈的弟弟）的独生女。

这幅作品与雷诺阿现存于奥赛博物馆的作品《朱莉·马奈或抱猫的孩子》极其相似。

《小女孩和猫》，藤田嗣治，上色石印版画，创作于 1959 年。

1896 Mai
Imp. G. de Malherbe, Paris
Masson
CHOCOLATIER
Paris
Steinlen
Bébé, un peu éprouvé par les premières chaleurs, ne prend plus avec plaisir
que sa « PAPILLA MEXICAINE »

CHOCOLAT MEXICAIN, PEU SUCRÉ, LE PLUS DIGESTIF

🐾《马松的巧克力工厂》，施泰因勒画，广告招贴画，石印版画，G. 德 · 马勒布（G. de Malherbe）印制。

从施泰因勒女儿柯莱特的脚边，以及贪婪地仰望着杯子的虎斑猫身上，我们可以瞥见他两年后出版的漫画集《猫》的雏形。

Lait pur de la Vingeanne
Stérilisé

Quillot frères
Montigny sur Vingeanne
Côte d'Or

Steinlen

🐾🐾《万雅讷杀菌牛奶，基约兄弟，万雅讷河畔蒙蒂尼，科多尔省》，施泰因勒（1859—1923），广告招贴画，石印版画，查理 · 韦尔诺（Charles Verneau）印制，1897 年，该画是施泰因勒第一次将猫作为招贴画的主角。

伤的主题可以在美国卡通形象“崔迪”——不怎么招人喜欢的金丝雀，以及不幸的“傻大猫”那里找到反转（崔迪和傻大猫是华纳公司出品的动画片《崔迪派》系列中的两个主角，在动画片中，猫成了被鸟欺负的对象。——译者注），正如我们在《猫和老鼠》中看到的汤姆和杰瑞的对峙一样。其实猫如果是为了在这些著名的动画片里保持一种完美的憨傻形象，这还算说得过去，但如果失去了所有凶狠的本性，那将是一件令人遗憾的事情。如果有人想用阿兹（Azraël）——那个可怜的幸存者，出自贝约（Peyo）的漫画作品《蓝精灵》（*Schtroumpfs*）中格格巫的猫——为例提出反驳也是没意义的。因为在它所处的那个黑暗时代里，人们是会将猫和他们的巫师处以火刑的。

施泰因勒的无声图画故事系列《猫》中的一个故事，便是以一种更好的方式结的尾——一个不听话的小女孩儿和一群小麻雀一起玩儿，最后被一只变得巨大的黑猫吃得只剩下几件衣服和几片羽毛。画家巴尔蒂斯（Balthus，1908—2001，20 世纪法国最伟大的具象绘画大师之一。——译者注）以创作出在猫陪伴下摆出暧昧造型的女孩儿而闻名。《泰莱丝之梦》（*Thérèse rêvant*，1938）展示了一个约 12 岁的女孩儿闭着双眼，双臂交叠枕在脑后，坐在一把长椅上，一个外撇的膝盖使我们能够看到衣裙下的“春光乍泄”。在她的脚边，一只猫舔着一碗牛奶。乍一看这幅画，会令人想起玛格丽特 · 格哈特那幅已经被模仿过成千上万次的平凡无奇的作品《品尝食物的猫》（*Goûter du chat*）。然而它却比兴起于 18 世纪的色情版画走得更远。在这幅作品中，正如在许多其他作品中一样，与女孩儿联系着的小猫象征着成人欲望的苏醒和失贞。

🐾《女孩背影与猫》，施泰因勒，石印版画。

《法兰西巧克力及茶叶公司》，施泰因勒，广告招贴画，上色石印版画，创作于 1899 年。

《猫儿们，无对白漫画》，施泰因勒，上色石印版画，漫画集《猫》封面，1898 年，埃内斯特·弗拉马利翁（Ernest Flammarion）版本。

成群的猫几乎变得吓人起来。

Dessins sans paroles

des Chats

par

Steinlen

PARIS

ERNEST FLAMMARION

EDITEUR

26 Rue Racine

Près L'ODÉON

il n'est pas bon pour les animaux
Son petit chat Mistigri
en sait quelque chose !!!
Regardez dans quel état il met ses joujou

Son éléphant Salomon
n'a plus un poil sur le
dos.
Son singe, s
son polichinell
poupée sont e
boîte de soldat

《坏习惯的奥古斯特》，安德烈 · 德旺贝（André Devambez，1867—1944）图文设计，巴黎，德旺贝，创作于 1931 年。

et sa
à un véritable champ de bataille.

Le chat

Le chat est un animal qui a deux pattes de devant deux pattes de derrière deux pattes sur le cô droit, deux pattes sur côté gauche.

Les pattes de devant lui servent à courir, les pattes de derrière lui servent de frein.

Le chat a une queue qui suit son corps. Elle s'arrête au bout d'un moment.

Il a des poils sous le nez, aussi raides que des fils de fer. C'est pour ça qu'il est dans l'ordre des filins.

De temps en temps le chat a envie d'avoir des petits. Alors il en fait; c'est à ce moment qu'il devient chatte.

Cette rédaction scolai
d'un écolier de neuf a
a été imprimée par
soins de rm et de pa
à 52 exemplaires ava
les grandes vacances 19

《猫》，九岁小学生习作，1952年暑假前印刷，法国阿勒斯，皮埃尔-安德烈·伯努瓦（Pierre-André Benoit）。

Mon Dieu! voilà qu'il s'en prend à ma page d'écriture. On me priverait de dessert pour moins que cela!

故事板，娜塔莉·帕兰（1897—1958）画，丝网印，《我的猫》，安德烈·伯克莱（André Beucler）撰文，巴黎，伽利马，创作于1930年。

睡吧，小黑猫，
睡吧，小蓝猫。
小猫有一点，
俄狄浦斯情结，
它们向妈妈索爱。
为了舒服一点，
这是怎样的爱啊，猫妈妈说。
这只小猫，
这只金色的小猫，
这只蓝色的小猫。

——雅克·普莱威尔（Jacques Prévert），《动物集》

猫的温存

ALBERT9
DVRER
NORICVS
FACIEBAT
1504

猫与女人的相似性是一个在远古时代就经常被谈论的主题。“猫化身为女人”与“女人化身为猫”的主题在全世界的神话和童话故事中广泛存在。奥维德（Ovide）的《变形记》描写了月亮和狩猎女神狄安娜的化身故事。在日本，猫作为吸血鬼的传说讲述了一只雌猫变身成年轻王子的情人的故事。与之相反的情节有伊索的“一只母猫化身成女人又变回猫”的寓言。这个情节为拉·封丹的一个寓言故事带来了灵感，并激发尤金·斯克利伯（Eugène Scribe）在1827年创作了一部讽刺歌剧，也激发了雅克·奥芬巴赫（Jacques Offenbach）于1858年创作了一部喜歌剧，同时给千娇百媚的柯莱特（Colette）带来灵感去创作了一部于1912年在巴塔克兰（Ba-Ta-Clan）剧院上演的默剧，并且最终于1927年被乔治·巴兰钦（George Balanchine，俄裔美国舞蹈家、编导，美国芭蕾舞之父，一生编排了200多部重要的芭蕾舞剧目。——译者注）引用为芭蕾舞剧的主题。许多插画师以猫与女性的身份对调为主题创作了大量作品。《拉·封丹寓言》的开场白“从前，有一个男人把自己的猫视若珍宝。他觉得它又可爱、又漂亮、又惹人爱怜……”应该已经为大家所熟悉，就像“两只鸽子相亲相爱……”的著名寓言一样，它恰到好处地出现在了柯莱特于1933年发表的小说《猫》的开头。

在大部分的文化语境中，猫都与象征着女性生理周期的月亮联系在一起。西方的宗教圣象学家自中世纪以来就将猫放置在撒旦的身边。它的四只爪子傲然站立在丢勒著名的版画上。艺术史家欧文·潘诺夫斯基（Erwin Panofsky，1892—1968，美国著名德裔犹太艺术史学家，图像解释学理论的创始人。——译者注）提出了一种目前被普遍认同的假说，认为猫在此处象征着易怒的气质——胆汁质，而希波克拉底气质说里的其他三种气质为忧郁质、黏液质和多血质。我们不禁注意到，这只猫的尾巴缠绕在夏娃的腿上，刚好与画面上方缠绕在树枝上的蛇形成了对称。在彼得·萨恩列达姆（Pieter Saenredam，1597—1665，荷兰黄金时代画家，主要活跃在哈莱姆及乌得勒支，其作品以中世纪教堂的室内结构为主题，对细部描绘十分真实。——译者注）与亚伯拉罕·布隆马特（Abraham Blomaert，1566—1651，荷兰黄金时代画家、版画家，其作品崇尚古典风格、注重细节。后期受到卡拉瓦乔影响，作品变得明亮，并开始创作神话宗教题材作品。——

《奎宁水杜本内。每一个咖啡馆里的开胃酒》，儒勒·谢雷（Jules Chéret，1836—1932），广告招贴画，夏克思（Chaix）印，巴黎。

《亚当与夏娃》，阿尔布雷希特·丢勒（1471—1528），铜版画，创作于1504年。

《安息日》，页边彩绘，出自《对异教徒的抨击》，让·廷克托（Jean Tinctor）写，创作于1460年，上色手抄本，法国佛兰德斯。

在这幅安息日场景的单色页边装饰画中，受异教徒崇拜的公羊的位置由猫替代。

译者注）之后的版画作品中，一只猫躺在撒旦的脚边，它的位置同样也与一条蛇处在对角线上，但是这一次，它的身边站着一只孔雀，孔雀在此无疑代表着骄傲。在彼得·保罗·鲁本斯（Pieter Paul Rubens）与扬·布勒盖尔（Jan Brueghel）于1615年创作，现存于莫瑞泰斯皇家美术馆的作品《伊甸园与人类的原罪》中，猫亲热地蹭着夏娃的腿，表示出她们之间的默契与共谋关系。夏娃的孩子们和猫同样要因为夏娃与猫的结盟而受惩罚，至少在西方基督教中是这样。正如在西方一样，在东方，满月之夜属于那些

《巫师们》，汉斯·巴尔东·格里恩（1485?—1545），有明暗对比的橙色木刻版画，第二种（版），创作于1510年。

《梦境：巫师的厨房》，雅克·德·盖因（Jacques de Gheyn，1565—1629），版画。

巫师们在准备能够使他们飞到安息日的香膏。德·盖因在此特别强调了女巫身上的色情意味，以及在画面的右下角必不可少的猫。

经常由猫相伴左右的巫师，猫是最典型的属于黑夜的动物。在基督教文化中，猫是宗教圣像学中不吉利的化身，伴随着异教和巫术出现。在这个语境中，猫一点一点地变成了代表着异端与性诱惑的女巫的专属象征。在汉斯·巴尔东·格里恩（Hans Baldung Grien）的作品里，猫背靠着，或者说用屁股顶着两个巫师中的一位。但它还不至于像巴力西卜（Belzébuth，又名别西卜，原本是腓尼基人的神，其义为“天上的主人”。在《圣经》中却以鬼王的形象出现，是地狱中仅次于路西法的地狱宰相，被视为引起疾病的恶魔。——译者注）那般黑暗。总之，它还是一只比较普通的猫。事实上，浪漫主义艺术家使黑猫正式成了哥特风格小说中的经典形象。这其中最有名的当属埃德加·爱伦·坡（Edgar Allan Poe）的小说《黑猫》中的那只黑猫，它所引起的故事来自一个非常古老的传统：当人们盖房子的时候，一定要埋葬一只猫以保证建筑的结实。渐渐地，女巫们变成了衰老而丑陋的形象，而在她们身边出现的猫则给人一种感觉，仿佛女巫天生

《猫》，施泰因勒，上色石印版画，创作于 1896 年。

就喜欢有一群黑猫围在她们的左右。同时，仿佛雅克·卡洛（Jacques Callot）的《老妇与猫》中所描绘的那样（见本书第 119 页图），它们自然而然地就与穷人联系在一起，或者尤其是祖母或奶妈在炉火边陪伴左右的那个小家伙（见本书第 118 页图）。

到了 20 世纪，女巫们又开始返老还童，她们的艺术形象也开始变得稍显积极，尤其是在电影中。在理查德·奎因导演的《夺情记》（*Bell，Book and Candle*，1958）中，由金·诺瓦克（Kim Novak）饰演的现代女巫“可爱的邻居”（这是她的法语称谓）在魔法与她的暹罗猫的共谋下，诱惑了由詹姆斯·斯图尔特（James Stewart）饰演的

“晚安，读者朋友。回到家吧，确保您的笼门已经关好，我们不知道今晚会发生什么，最宁静的夜晚会被突然的风暴打破。”

J.-J. 格朗德维尔，版画，1841 年，为《动物的私生活和非私生活》第四页作，皮埃尔-儒勒·埃策尔作序。

《秘密》，亨利·德·图卢兹-洛特雷克（Henri de Toulouse-Lautrec，1864—1901），版画。

《老妇与猫》，雅克·卡洛（1592—1635），版画，《穷人》插图。

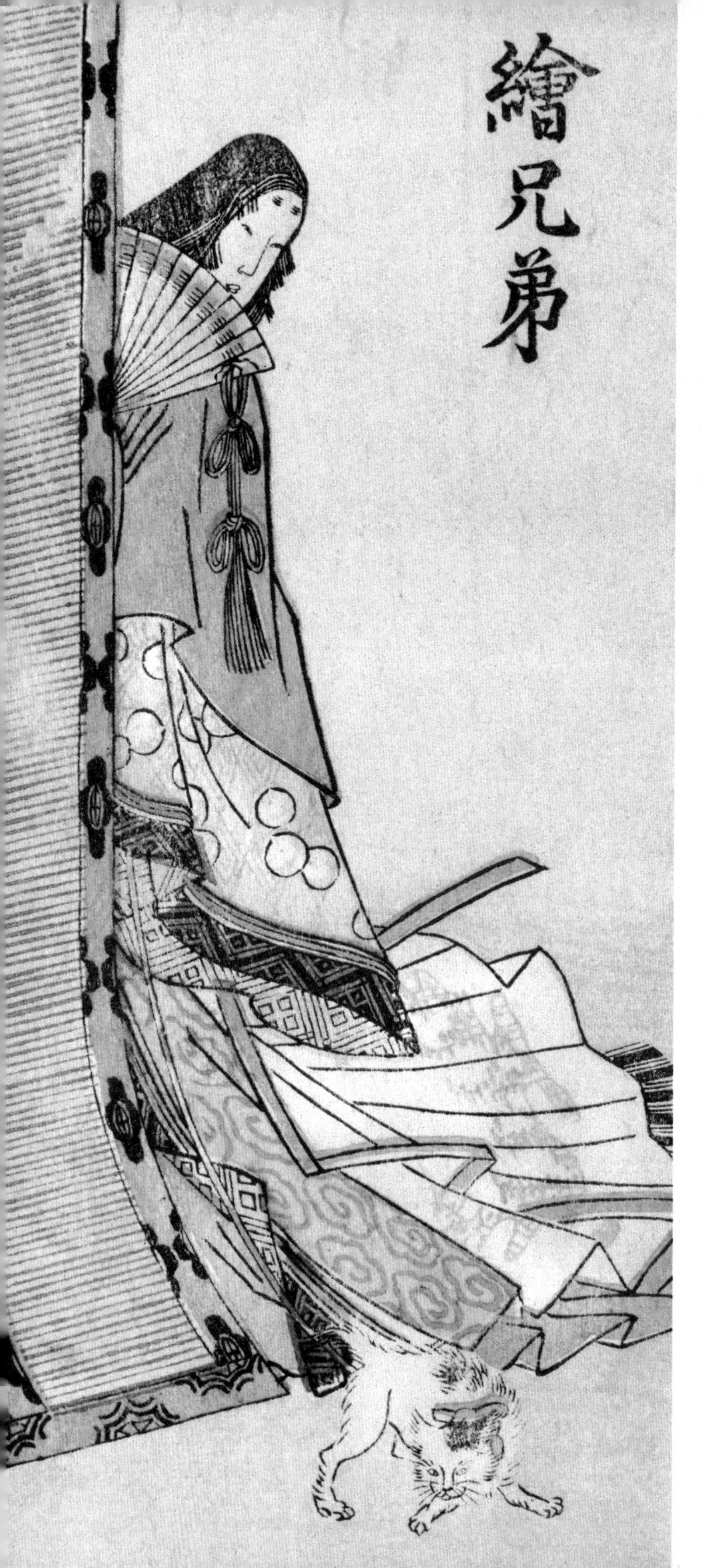

《交际花与小猫》，喜多川歌麿（Kitagawa Utamaro，1753—1806），木刻版画，创作于 1760 年？

《和猫嬉戏的女子》，彩绘，伊朗，创作于 16 世纪末。

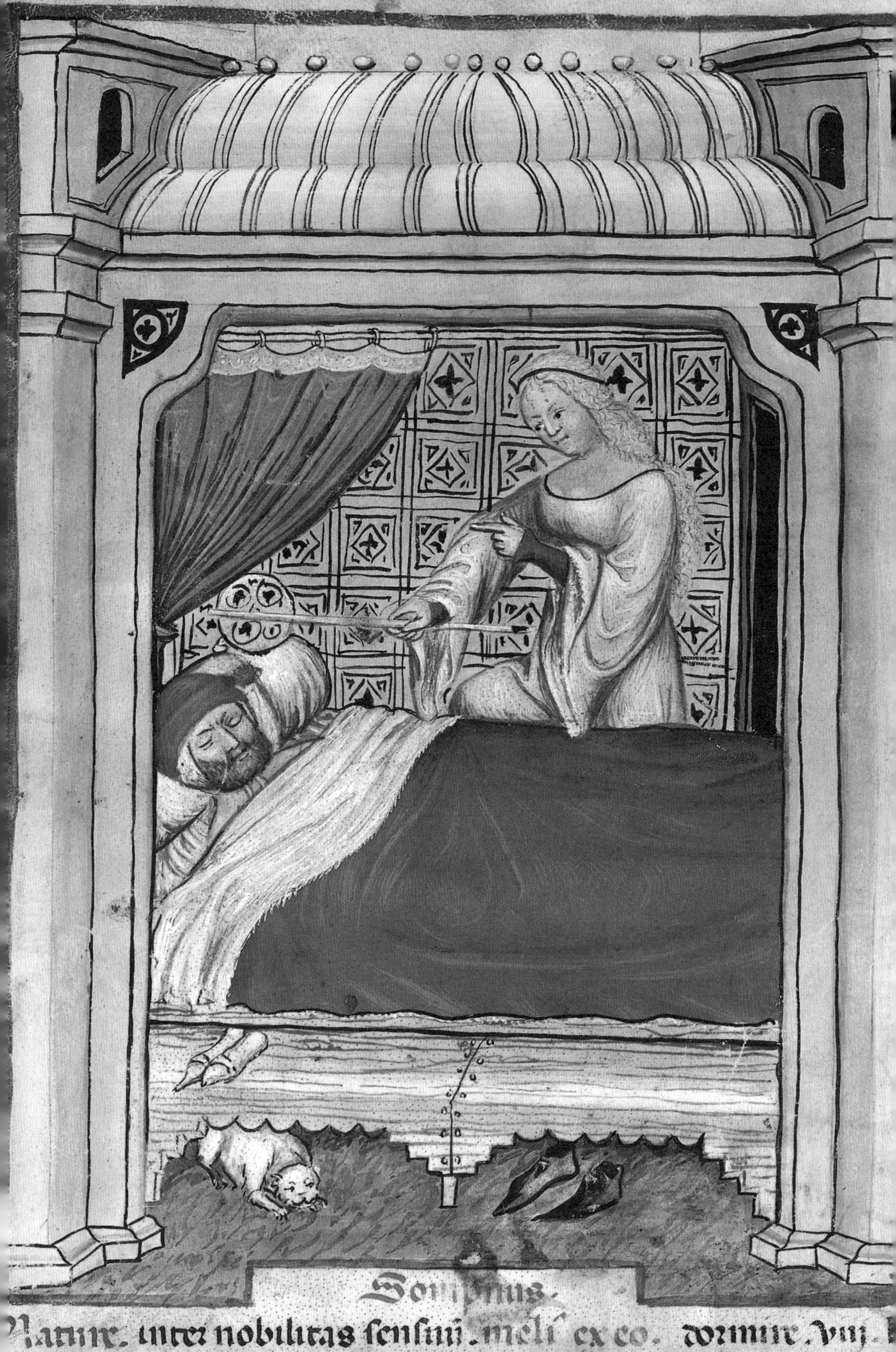

Natura. inter nobilitas sensuum. meli[us] ex eo. dormire. viij. h
ns mediis inter duas primas et duas ultimas noctis. In

出版人。那只暹罗猫跳到出版人的肩膀上，出版人一边把它往下扯，一边嚷嚷着：“它没有别的事可干了吗？拜托给它一本书看！”

在伊斯兰世界，猫代表了与妇女的嬉戏，正如在印度、孟加拉国、中国或日本（见本书第121、122页图）一样。在西方基督教世界，猫在女性周围出现则是另一种隐喻。自中世纪起，直到后来的很长一段时期，猫总是与堕落和通奸联系在一起，正如那句著名谚语所证明的——“她把猫留在了奶酪边上”（见本书第129页图）。在细密画（miniature）中，对于丈夫来说，猫在配偶的床下出现是一种不好的象征。在人文主义者塞巴斯蒂安·布朗特发表于1494年的德语叙事长诗《愚人船》（*La Nef des fous*，德国文艺复兴时期的讽刺体文学作品，描写了一只奇异的“醉汉之舟”，沿着莱茵河和佛兰芒运河巡游，船上载着111个愚人，各有不同的性格，每种性格都代表一种愚蠢或一种社会弊端，如轻浮、荒淫、傲慢等。布朗特是愚人文学的开创者。——译者注）中，一个女人用刷子挑逗着丈夫，她的丈夫捂住了脸，此时猫在桌子下面捉着老鼠（见本书第128页图）。

《在房间里，女人为正在睡觉的男子打扇》，出自《健康全书》，上色手抄本，伦巴第，约创作于1400年。

猫在床下的出现常常隐喻着通奸，就像《健康全书》在此所展示的。

《别叫醒睡着的猫》（意为：别自找麻烦），著名谚语，出自《卢昂日课经》，上色手抄本，卢昂，15世纪末。

《动物志：蚱蜢、猫、苍蝇、蜻蜓、螯虾，以及建筑设计：迷宫》，维拉尔·德·洪内库尔（Villard de Honnecourt），绘画簿，创作于 1230 年？

《玩风笛的傻子，当一只猫舔自己的胯下》，页边彩绘，《巴黎日课经》，上色手抄本，创作于 1480—1500 年。

ton filz pour moy poure
pecheresse.
O Jhucrist fontaine de
charite qui iamais
ne trait qui par affection
piteable deiz pendant en
larbre de la croix que tu
auois soif cest a dire du
salut de lumain lignai
ge Je te prie enflamme et
eschauffe mon desir a fai
re et parfaire bon oeuure
et refroidis et estains du
tout en tout la soif de cō
cupiscence charnelle et la
petit de dilection mondai
ne qui est en moy amē

🐾🐾《妻子为伯夫 · 德 · 艾格勒蒙鼓劲》，卢瓦赛 · 利德（Loyset Liedet）画，上色彩画，为大卫 · 奥贝尔（David Aubert）的作品《雷诺 · 德 · 蒙托邦》配画，1462 年为勃艮第公爵菲利普 · 勒 · 旁创作手稿。

在这本中世纪讲述忠诚与背叛的畅销书中，猫与狗的出场都有强烈的符号意义。

Tirant les vers du nez
il gagne le pais bas,
Ainsy s'en vat le chat
doucement au fromage,
Mais a bon chat bon rat,
elle ne laisse pas,
D'empescher quil nayt
sur elle cette auantage.
Il luy tire
les vers
du nez
a bon
chat
bon
Rat.
De bon fromage, mange peu,
si tu es sage.
Mariez vous c'est chose honneste
Ie n'en feré pas mary, mais
ne soyez pas si beste que
d'espouser vostre mary.
Il gagne le pais bas
7 Elle laisse aller le Chat au fromage.

《被欺骗的丈夫》，出自《愚人船》，塞巴斯蒂安·布朗特（Sebastian Brant，1457—1521），上色彩画，仿羊皮纸，巴黎，创作于1497年。

《她把猫留在了奶酪边上》，雅克·拉尼耶，出自《著名谚语集》，巴黎，创作于1663年。

这种猫与堕落的关联从 19 世纪起逐渐在版画作品中消失了，但却长期存在于文学和电影中。因为我们依然能够在爱弥儿·左拉的《红杏出墙》（*Thérèse Raquin*，1867）中看到，透过小猫弗朗索瓦目不转睛的、带着控诉的凝视，偷情的情人们看到了自己犯下的罪孽。事实上，马塞尔·帕尼奥尔（Marcel Pagnol）在 1938 年拍摄的，由让·季奥诺（Jean Giono）的小说改编的电影《面包师的老婆》（*La Femme du Boulanger*）中也添加了一个著名的场景：面包师痛骂小母猫庞普奈特（Pomponnette）——他那不忠的妻子的杂色小猫。

在视觉寓言画中，猫经常出现在镜子旁边，例如在杨·萨恩达列姆（Jan Saenredam）的作品中，我们可以看到一只猫、一面镜子和一个自我凝视的裸女同时出现。从这种样式的呈现到猫成为一个纯粹的卖弄风情的女性的象征之间只有一步之遥，正如我们在希罗尼穆斯·博斯（Jérôme Bosch，荷兰 15 世纪画家、人文主义者，代表作有《尘世乐园》等。——译者注）的《七宗罪与最终四事》（*Table des sept péchés capitaux*，现存于西班牙马德里普拉多博物馆。——译者注）中所看到的那样。

从宗教寓言画、道德寓言画一路发展过来，猫在 17 世纪末成了放纵的象征。在欧洲，猫很快取代了狗的位置，成了荡妇的象征。尽管在 17 世纪的版画里，严格意义上讲，狗还是象征着荡妇。在现存于伦敦泰特美术馆的威廉·霍尔曼·亨特（William Holman Hunt）于 1853 年创作的道德讽喻画《良知的觉醒》（*L'Éveil de la conscience*）中，我们看到一只猫卧在一名高级妓女的桌子下面，此时这个女子已经被良心的忏悔所俘获。猫与淫荡或拜金女子的形象也经常同时出现在日本的美术作品中。歌川广重（d' Utagawa Hiroshige，1797—1858）的版画系列《名所江户百景》（*Vues d'Edo*）中的一幅著名作品描绘了一只十分典型的日本风格的短尾猫坐在窗台上的景象。根据作品中的一些物品来看，这幅画展示的是一个高级妓女的房间的内部景象：一只碗、一条毛巾和一些发髻簪。“Neko”（奈何）这个词在日语中一度同时表示猫和女性（见本书第 136、137 页图）。这种隐喻的方式在欧洲被广泛运用在色情类版画中。在启蒙

《窗户后面的猫》，歌川广重，木刻版画。

名所江戸百景
浅草田甫酉の町詣
廣重画

Tenés, l'autre nuitée.
Tandis que je dormois,

《天真少女》，让-米歇尔·莫罗（Jean-Michel Moreau，1741—1814），版画，为《拉·波尔德夫人创作歌曲选集》配画，巴黎，出版商为德·洛尔梅勒，创作于1773年。

《误会》，让·路易斯·安瑟兰（Jean Louis Anselin，1754—1823）刻，弗朗索瓦-尼古拉斯·穆谢画，约创作于1774—1799年。

LA MÉPRISE

Dediée à M.r C.de Louis Cheveny de la Chapelle

Par son très affectionné Cousin Mouch

Commencée a Graver par Macret et terminée par

Se vend a Paris chez Mouchet Quay de Bourbon, Isle S.t Louis N.o 9.

N. Maurin pinx. et Lith.

Lith. de Le

LE LACET.

时代，展示妇女梳妆场景的作品中经常会有猫出现，它们经常在情人的两腿间嬉戏徘徊。尼古拉斯·伯纳德·勒比西耶（Nicolas-Bernard Lépicié）的著名作品《晨起的农妇》（*Lever de Fanchon*）中的主题也是这个。这幅作品现存于法国圣·奥梅尔市的桑德琳博物馆，这同样也是那些或多或少受他启发而创作的许多版画作品的主题。

“也许是因为猫的那种‘精致的整洁’，人们总是将它与女人做比较。”尚弗勒里写道。这种“精致的整洁”以一种非常负面的，甚至是淫秽的、粗俗的样子出现在中世纪书籍装饰画中。到了 19 世纪，它却备受资产阶级的赏识，然而这并不能阻止猫在艺术作品中继续出现在轻佻女子们的梳妆台前。事实上，是波德莱尔建议他的朋友爱德华·马奈放一只黑猫在他那幅臭名昭著的《奥林匹亚》（*Olympia*）中的（见本书第 138、139 页图）。这只猫明显是在影射他那风骚的情人珍妮·杜瓦尔（Jeanne Duval）——诗集《恶之花》（*Fleurs du mal*，1857）中《猫》一诗的女主角：

来吧，躺在我的心窝上，
我美丽的猫，
藏起你锐利的爪子！
让我沉浸在你那美丽的眼中，
那儿镶着金银和玛瑙。

当我的手指慢悠悠地抚过
你的头和灵活的腰身，
我的手感触到你那带电的肉体，
全身沉于欢悦而陶醉，

我的面前呈现着她的身影，
她的目光像你一样，可爱的猫，
放射出阴冷、神秘刺人的光芒，

从她的脚直到她的头，
一股淡淡的，令人战栗的幽香，
在她褐色肌肤的四周飘荡。

《系带》，尼古拉斯-厄斯塔什·莫兰（Nicolas-Eustache Maurin，1799—1830），石印版画。

《啊！这两个家伙打扰了我安静的睡眠！喵……喵……》，胜川春章（Katsukawa Sunshô，1725—1792），版画，出自《妇女风俗 12 月图 · 第九》，创作于 1788 年。

G.Marteau.

《奥林匹亚》，马奈（1832—1883），铜版画，第一版，带蓝油墨修改痕迹，创作于 1867 年。

ΑΙΛΟΥΡΙΚΗ ΜΟΥΣΑ
J.Lemer Éditeur.
Imp. Delâtre, Paris

《缪斯与猫》，奥古斯特 · 德拉特（Auguste Delâtre，1822—1907），《现代高蹈派诗集……以一幅非常怪异的蚀刻铜版画装饰》扉页，巴黎，创作于 1872 年。

《浴室》，查理 · 莫兰（Charles Maurin，1856—1914），飞尘法仿水彩蚀刻版画，巴黎，创作于 1890—1900 年。

在诗人和艺术家的眼里，具有致命诱惑力的女人和猫经常被放在一起做比较，是因为她们具有一系列的共同特点：美貌、充满肉欲、不忠和残忍。我在此引用保尔·魏尔伦（Paul Verlaine）的诗集《伤感集》中的《随想曲（第一部）：女人与猫》：

她和猫儿玩耍，
这景象如奇迹般美好，
纤纤素手和象牙白的爪，
在夜的影子下玩耍。

她藏起来了——这个坏蛋！
在她黑色的蕾丝手套下面，
那玉琢般的手指，
锋利、准确，仿佛凶手的剃刀。

另一个依然装出一脸温柔，
缩回了它尖利的指甲，
然而魔鬼的本色它一样也没有
落下……

在闺房，
传来它轻飘飘的笑声，
磷火的微光四下闪烁。

《慵懒》，费利克斯·瓦洛东（Félix Vallotton，1864—1925），木刻版画，创作于 1896 年。

《女人与猫》，藤田嗣治（1886—1968），版画。

LA FEMME AU CHAT

PHIE DU LOUVRE
POINTE SECHE DE FOUJITA

夏尔·克罗（Charles Cros）为自己所写的《绘画角，哈希什的感觉》（选自诗集《檀香木匣》），虽然名气略小于《白猫》，但其内容因成功地将猫和女人色情化却没有妨碍道德原则的评判而令人感到满意。

温润如脂的是胸膛，
通体洁白的是小猫，
双峰托起小猫，
小猫撩拨着心房。

小猫垂下头，
双耳在双峰间投下阴影，
玫瑰色如小猫鼻尖翘起，
那是花房的垂露。

心尖上一点小黑痣，
长久吊着猫的胃口，
忽而它发现一个新玩具。
猫跑了，留下空荡荡的花房。

这段曾被多次引用过的文字常常使人忘记，猫在19世纪，尤其在盎格鲁-撒克逊文化中同样象征着保守舒适的中产阶级家庭生活。因此在美术作品中，它可以合法地出现在妻子或母亲的身旁——因为雌猫经常与母爱联系在一起。猫因此再次得到了它失去已久的名誉，并且得到了资产阶级的尊重。这样的尊重对猫来说似乎无足轻重，但它却可以为这个活得超级现实的、纯粹的享乐主义提供一种舒适生活的有力保障。

《莉莉或女人与猫》，雅克·维永（Jacques Villon，1875—1963），素描。

《打招呼的梅·贝尔福特小姐》，亨利·德·图卢兹-洛特雷克，石印版画，铅笔、刷子、喷溅法，创作于 1895 年。

《猫的荣耀》，亨利-朱利安·德图什（Henri-Julien Detouche，1854—1913），干刻铜版画。

《女孩与两只猫坐在床上》，亨利-朱利安·德图什，版画。

A LA GLOIRE DU CHAT
Henry Dejouthe

诗人的猫，安详又庄重。
正如诗人自己所渴慕
猫儿似着魔地寻找，
让她可以安度晚年的犄角，
也寻找鼠洞那样的避风港，
以便小憩、小坐、冥想。
真不知她从何处学来这狡黠的本性。
或许天生如此，按一个模子铸就；
或许后天习得，就像主人的性情。

——威廉·柯珀（William Cowper），《退休老猫》

STEINLEN
猫
缪斯
à Steinlen
son meilleur ami
JEAN CAILLOU
CH. DECAUX. SC

正如皮埃尔·罗森博格（Pierre Rosenberg）在《猫与调色板》（*Le Chat et la palette*）一书中所揭示的，画家对猫的热情要比文学家大很多。关于这个事实，我们可观察到这样一个渐变过程：起初，大量的小猫形象地出现在彩绘手稿的书页边缘，进而频繁且有规律地出现在绘画作品中。如果我们总是在一个人的作品中看到同一只猫，我们可以设想，它也许就是画家本人的宠物——就像菲力普·德·尚帕涅（Philippe de Champaigne）的那只虎斑猫。1855 年，画家古斯塔夫·库尔贝（Gustave Courbet）将他的白色安哥拉猫放入了作品《画室》（*Atelier*）的前景中。在这幅作品中，我们可以清晰地从人群中辨认出尚弗勒里。在接下来的一个世纪里，藤田嗣治画了一幅写作状态中的自画像，作品中，他的虎斑猫靠在他的肩头（见本书第 162 页图）。事实上，在藤田嗣治的作品中，不论什么主题，很少有哪一幅里面没有猫出现。17 世纪末出现了第一批专门创作猫的题材的绘画作品的动物画画家，比如有“画猫的拉斐尔”之称的瑞士画家戈特弗里德·曼德（Gottfried Mind，1768—1814）。这个派别的队伍在维多利亚时代逐渐壮大起来，出现了如比利时画家亨利埃塔·伦内-奈普（Henriette Ronner-Knip，1821—1909，荷兰裔浪漫派女画家，作品以动物题材为主，以画猫见长。——译者注）、法国画家欧仁·朗贝尔（法国 19 世纪画家，以动物画见长。——译者注）（其作品见本书第 5 页）等画家。朗贝尔还于 1877 年在埃策尔（Hetzel）的出版社出版了一系列 24 幅由梅奥勒（Méaulle）刻制的以猫为主题的版画。要逐一列举 20 世纪钟情于这个“小模特”的艺术家可就太多了。我们在此仅提雅克·拿姆［Jacques Nam，1881—1974（其作品见本书第 184、185 页）］一人。他是柯莱特作品最优秀的插画师，同时也是优秀的诗人、雕塑家。另外，瑞士素描画家、讽刺漫画家、版画家施泰因勒也并不只限于表现那些围绕在他身边的宠猫：从为鲁道尔夫·萨里（Rodolphe Salis）的夜总会设计的著名的“黑猫”海报，到一个安哥拉猫的小坐像，正是这个动机使他的作品取得了极大的成功。毫无疑问，施泰因勒本人清晰地认识到了这一点，他选择了一只黑猫与一只花斑猫作为他 1894 年第一次个展“À la Bodinière”的海报形象。猫的形象十分频繁地出现在印象派的美术作品中，特别是

《施泰因勒在画架前》，让·卡尤（Jean Caillou，施泰因勒笔名），《当代人》插画第 349 期，创作于 1889 年，附有让·卡尤给施泰因勒的献词。（这是一种幽默的文字游戏，是施泰因勒故意假装虚构一个人为自己献词。）

《猫与画》，马奈（1832—1883），第一版，蓝油墨、飞尘法铜版蚀刻，为尚弗勒里第三版《猫》所绘插图，创作于 1869 年。

🐾《猫》，马奈（1832—1883），第一版，蓝油墨、飞尘法铜版蚀刻，为尚弗勒里第三版《猫》所绘插图，创作于1869年。

在马奈那里。它在画家的笔下以一种被欣赏的形象出现，同时又是一种对特别的友谊的回忆，正如马奈本人和波德莱尔之间那样。

创作完《奥林匹亚》不久，马奈为尚弗勒里——大量引用波德莱尔作品的人——创作了两幅画：《猫的约会》（见本书第166页图）和《猫与花朵》（*Le Chat et les fleurs*）。日本绘画对法国绘画的影响使猫成了画家们有所偏爱的模特，例如在亨利·盖拉尔（Henry Guérard）与布拉克蒙（Braquemond，版画协会创始人）一起创作的作品，以及欧仁·德拉特（Eugène Delâtre）（其作品见本书第178页）的作品里，我们就能经常看到猫的出现。皮埃尔·博纳尔喜欢在自己的画里放一只猫，例如在他现存于巴黎奥赛博物馆的作品《布尔乔亚的午后或家庭露台》中，他就给作品添加了一个猫妈妈在给小猫喂奶的场景。博纳尔曾多次表现过一只猫停留在他的朋友——收藏家昂布鲁瓦兹·沃拉尔（Ambroise Vollard）的膝头这一场景。巴尔蒂斯平生创作的第一套作品——那还是在1919年他11岁时——讲述的就是他与小猫米索（Mitsou）相遇最终又失散的故事。多亏了里尔克（Rainer Maria Rilke，奥地利著名诗人，19世纪末欧洲艺术界风云人物。里尔克曾是巴尔蒂斯母亲的情人，因此从巴尔蒂斯少年时就与其相识。——译者注），这一套童稚的石刻版画作品得以在1921年以绘本的形式出版。里尔克亲自为《米索》（*Mitsou*）创作序言，在序言里，诗人再次将猫放到了狗的对立面上：

> 猫就是猫，仅此而已。它们的世界里只有一只接一只的猫。您觉得它们在看我们？可谁知道，在它们高冷的瞳仁里，我们那一文不名的形象，是否停留过片刻？

曾被布丰痛批过的猫的那些特质——不受束缚、隐性的孤僻和残忍，却成了20世纪备受推崇的一张王牌，用保罗·贝尼舒（Paul Bénichou，法国当代历史学家。——译者注）的话说，20世纪是“作家封圣”的世纪。狗代表着自由和解放。作为奴性和

🐾《安布鲁瓦兹·沃拉尔和他的猫》，皮埃尔·博纳尔。

画商对猫的热爱就像这幅，以及另一幅博纳尔在1904—1905年创作的画所展现的那样。差不多在同一时期，爱德华·维亚尔（Édouard Vuillard）也给画商与收藏家泰奥菲勒·迪雷（Théophile Duret）和他的猫画了一张类似的画。

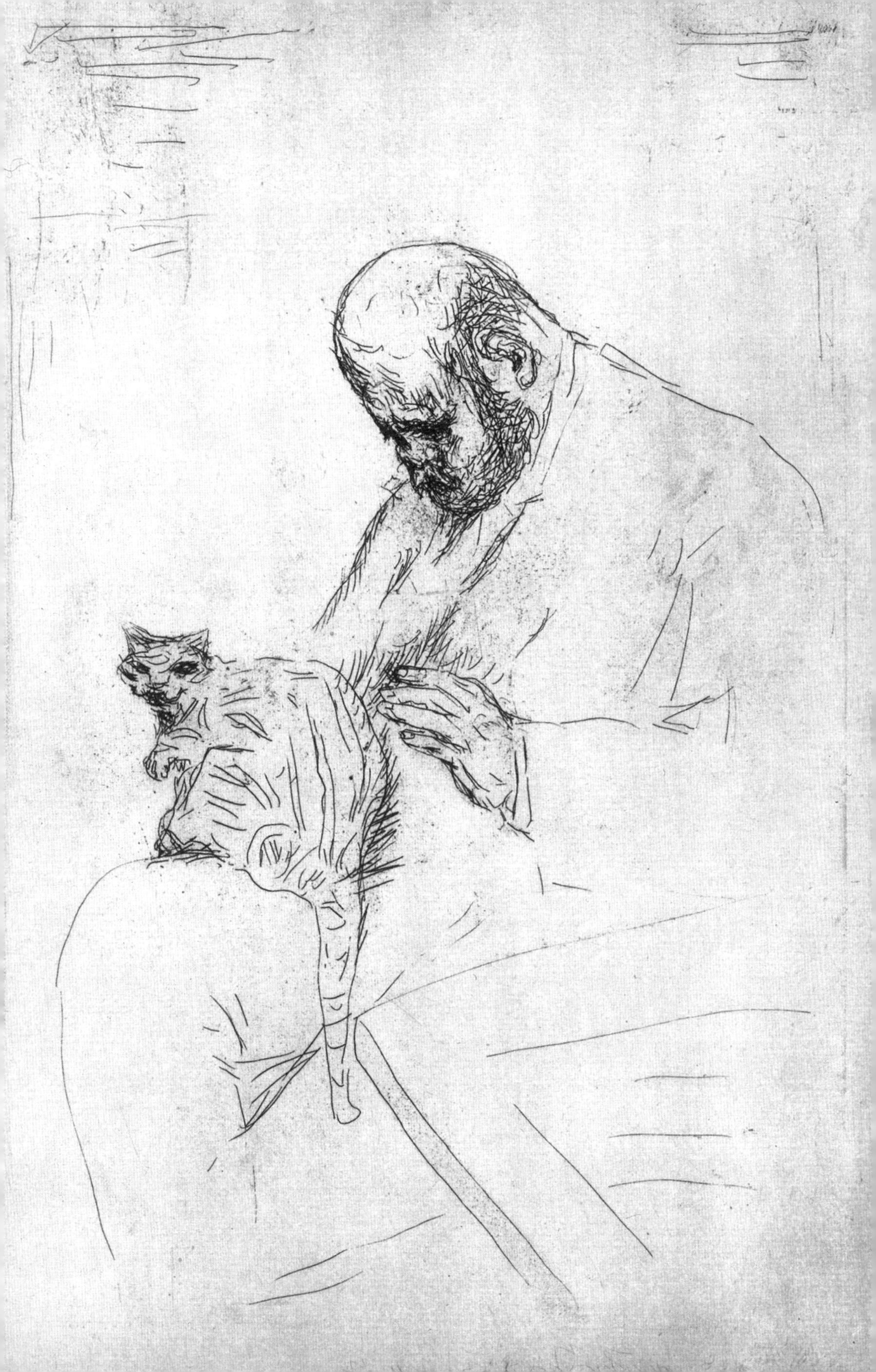

谄媚的象征，猫魅惑着所有的创作者包括画家、音乐家和作家。“我喜欢猫的性格，”夏多布里昂在给马赛勒斯伯爵的信中写道，“这种不受束缚、近乎忘恩负义的性格不会牵绊任何人，不管是在沙龙里还是在它自己生活的勾栏里，它一视同仁，来去无牵挂。”这种猫与自由所结下的联盟，最早可以追溯到启蒙时代的末期。我们也许应该将此归功于卢梭。卢梭很少提及他的猫，尽管在一幅由让·韦尔（Jean Houel）于 1759 年在蒙莫朗西（Montmorency）绘制的版画里，卢梭的小猫杜瓦耶内（Doyenne）伏在他的膝盖上，而他的狗则坐在他的脚边。此外我们知道，是卢梭亲自选择了第一版《社会契约论》（1762）书名页上的装饰图案：一只猫出现在画面上，它坐在正义的脚边，而在另一边，自由的脚边坐着另一只猫。人们认定皮埃尔·尼古拉斯·博瓦莱（Pierre-Nicolas Beauvallet），后来的《被毁坏的巴士底狱的自由女神》的作者，也是浮雕作品《国王在贡比涅》的作者。这幅作品成形于 1784 年前后，在这里我们已经可以看见一只侧坐着的猫，骄傲地面对着自由女神。奉卢梭为先师的大

《画动物的画家的第二次展览……1909 年 3 月 30 日至 4 月 25 日》，施泰因勒，招贴画，石印版画。

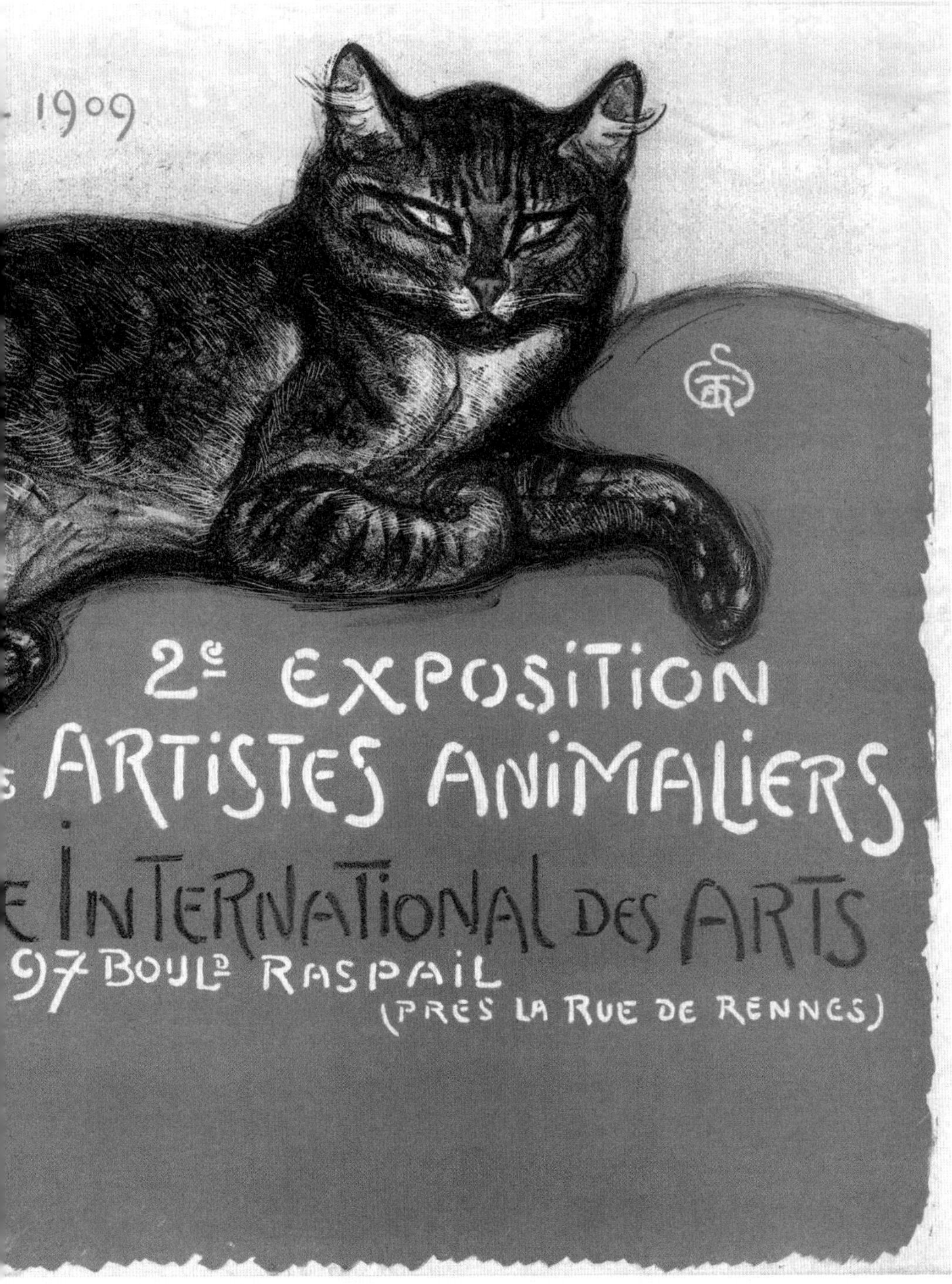

1909
2e EXPOSITION
ARTISTES ANIMALIERS
INTERNATIONAL DES ARTS
97 BOULd RASPAIL
(PRES LA RUE DE RENNES)

《和猫的自画像》，藤田嗣治，干刻铜版画，创作于1927年。

革命接受了这一象征寓意。正是因此，猫的形象出现在了格拉瓦洛（Gravelot）和科尚（Cochin）于1791年发表的图像学中。1795年，在雅克-路易·科皮亚（Jacques-Louis Copia）的版画中，猫代表着宪法。这种象征的灵感来源于1793年普吕东的一幅版画，普吕东在1789年为自己的寓意画做了如下注释［引自雅克·贝希托尔德（Jacques Berchtold）文章《让-雅克·卢梭的猫》（*Les chats de Jean-Jacques Rousseau*），出自其著作《文学中的猫与狗》］：

> 处于被驯化状态的动物永远也不可能被降低到被奴役的状态。猫，作为不受束缚的象征，则坐在自由的脚边。

贫民窟猫——流浪猫的一种，作为冒险、自由与爱的象征，贯穿于整个浪漫主义文学中。格朗德维尔在为巴尔扎克的《一只英国猫的苦难》（*Les Peines de cœur d' une*

左：《猫》，帕布罗·毕加索（1881—1973），蚀刻铜版画，毕加索为布丰的《自然史》画的插图，巴黎，马丁·法比亚尼出版，1942年，维达隆的仿羊皮纸副本，1943年1月17日毕加索赠送给朵拉·玛尔。

右：《猫》，1942年1月24日，44幅水彩上色插画的钢笔原始稿之一。

chatte anglaise）画插画时，使用了流浪猫的形象，正如他为霍夫曼（Ernst Theodor Amadeus Hoffmann，简称 E.T.A. 霍夫曼，德国 18 世纪著名作家、作曲家、德国晚期浪漫派重要作家。——译者注）的《雄猫穆尔的人生观》（*Chat Murr*）所做的那样。马奈的《猫的约会》是这类猫的形象在绘画作品中的杰出典范。流浪的和饥饿的猫之于沙龙里的猫，就仿佛画家和诗人的阁楼之于布尔乔亚那路易-菲利普风格的、令人窒息的、奢华起居室。在奥克塔夫·塔桑（Octave Tassaert）于 1845 年创作的《画室》（现存于卢浮宫博物馆）中，一只猫是年轻画家悲惨境况中唯一的陪伴与慰藉。只有左拉使这种略带神秘感的生活祛了魅。1864 年，左拉将故事《沟渠中的生活》换了新标题——《猫的天堂》，并将其收录在自己的第一部作品《给妮侬的故事》（*Contes à Ninon*）中。这部作品发表于被认为是“有伤风化”的《克劳德的忏悔》出版的前一年。浪漫主义的猫是黑色的，是属于暗夜的，并且带着些许的巫鬼气息，正如夏多布里昂的《墓畔回忆录》中那只与孔堡的鬼魂为伴的猫，或者更有名的，由奥布里·比尔兹利（Aubrey Beardsley）为爱伦·坡的作品所做的插画中的猫。鲁道尔夫·萨里给自己在蒙马特高地脚下那家成为作家与艺术家聚集点的夜总会取名为“黑猫”绝非偶然。这家夜总会成了一种波希米亚艺术家理想的象征。施泰因勒在 1896 年因为卡巴莱夜总会创作的招贴画为新哥特式的猫树立了典范——饥饿、毛发倒竖、气势汹汹的黄眼珠，侧影在苍白的月光下若隐若现。这是一只想象世界中的猫，是一只皮影戏般的猫，似乎不存在于这个真实的世界。就像在 19 世纪末，它徘徊在撒旦与蒙马特的各种坊间传说之间一样。乔治·库特林（Georges Courteline，1858—1929，法国著名剧作家、幽默作家，尤其擅长喜剧。——译者注）选择了用后者为他的一群小猫命名：Le Purotin（穷光蛋）、La Terreur de Clignancourt（巴黎旧货市场的小霸王）、La Mère dissipée（浪姑娘）或 Le Rouquin de Montmartre（蒙马特的红头发）。

在接下来的一个世纪，猫又勾搭上了无政府主义者的艺术，并且与持不同政见者有染。1945 年，博里斯·维昂（Boris Vian，20 世纪初法国作家及爵士音乐家 ——译者注）采用了一张爵士乐专辑的名称，并像往常一样玩了个文字游戏，把自己的新小说命名为《黑

《我的沉默给予了他勇气，他大喊：“亲爱的猫咪！”》J.-J. 格朗德维尔为巴尔扎克的《一只英国猫的苦难》所绘插画，出自文集《动物的私生活和非私生活》，P.-J. 施塔尔作序。

猫布鲁斯》(*Le blues du chat noir*)。书中的猫是个小混混，同时又是二战期间抵抗组织的成员，频繁地出入于一家家酒吧。猫很高兴自己处于抵抗组织之中，尽管有些消极，但至少它在反抗既定的秩序。我们知道，柯克多(Cocteau)曾在那句广为人知的宣称自己爱猫的名言中说，自己爱猫是因为法语中有“警犬”却没有“警猫”的形象。但是英语文学中却的确出现过“警察猫”。美国人丽莲·杰克逊·布朗(Lilian Jackson Braun)创作的两只暹罗猫为自1966年以来的30多部小说提供了素材。另一个更有原创性的形象来自胡安·迪亚兹·卡纳莱斯(Juan Diaz Canales)和华诺拉·瓜尔内多(Juanjo Guarnedo)于1997年创作的漫画。黑猫侦探(Blacksad)是一只被人格化了的黑白花猫，也是20世纪50年代的一位生活在纽约的私人侦探。这是一只亨弗莱·鲍嘉(好莱坞20世纪40年代影星，代表作《卡萨布兰卡》。——译者注)式的猫，它扮演了一个街头英雄的形象，孤独、桀骜且能勘破一切。另一方面，此时的猫再也不与仁

本杰明·拉比耶，《本杰明·拉比耶的布丰》，巴黎，加尼埃，创作于 1919 年，P39。

《猫的约会》，马奈，石印版画，为尚弗勒里的作品《猫》所绘插画，创作于 1869 年。

Manet
D.2605
Lith. du Sénat, Barousse, PARIS

慈相关了。与塞利纳（路易-费迪南·塞利纳，Louis-Ferdinand Céline，法国20世纪中早期著名作家，黑色幽默文学的奠基人之一，持反犹的政治立场，代表作有《长夜漫漫的旅程》等。——译者注）一样，他著名的宠猫贝贝尔冒着生命危险在柏林与他做伴，因为纳粹并不喜欢猫。保罗·列奥托德（Paul Léautaud，法国19世纪文学评论家。——译者注）也将对猫的崇拜与对人的厌恶关联在了一起，我们在此不禁要列举他曾经写过的一封残忍且幸灾乐祸的信。这是一封寄给一位农民的信，这位农民在想要瞄准射杀邻居家的猫时不幸射死了自己的儿子：

> 先生，
>
> 我在报纸上看到了刚刚发生在您身上的这个“事故”。您想射杀一只猫，结果射死了您的儿子。我很高兴，我真的太高兴了。我认为这简直完美。这件事刚好能教会您对待一只不幸的动物应该残忍冷酷。
>
> 送上我所有的问候
>
> 巴黎，1936年4月29日

《保罗·列奥托德和他的猫》，罗伯特·杜瓦诺（Robert Doisneau，1912—1994）约1950年拍摄。

今天我们可以大胆地假设而不用担心犯什么错误——猫并不是一种政治正确的动物。特里·普拉切特（Terry Pratchett，1948—2015，英国当代著名幻想小说家，讽刺作家，文笔犀利辛辣，代表作有《碟形世界》系列奇幻小说，在世界范围内影响巨大。——译者注）在他的作品《纯粹的猫》（*The unadulterated cat*，1989）中提出的“反派猫”（the archvillain cat）的说法可以证明这一点。这是一本热情洋溢的畅销书，作者在书中呼吁保卫“真正的猫性”（real catness）。真正的猫性意味着“极恶”的猫，正如我们在电影和漫画中看到的，例如詹姆斯·邦德系列电影中那个想要统治世界的1号反派角色。这才是那些胖乎乎的安安稳稳待在家里的猫儿真正期待的梦想。

《猫》，赵无极，蚀刻铜版画，创作于 1950 年。

《泰奥菲勒 · 戈蒂耶和他的猫们及画像》，纳达尔（1820—1910），碳棒、粉笔、白色水粉、浅棕色纸，出自《纳达尔名士集》，创作于 1858 年。

尚弗勒里在自己作品的前言中曾写道：“从炼金术士的工作间，猫儿逐渐进入了作家们的家中，它成了作家们简朴房间里的一部分……”他将书的第 15 章命名为“那些与猫儿过从甚密的文人”。为了支持这种痴迷，他列举了他那个时代几乎所有著名的文人：夏多布里昂、雨果、圣·伯甫、泰奥菲勒·戈蒂耶、梅里美，尤其还有波德莱尔。事实上，在他发表作品的那个年代，越来越多的艺术家、作家都开始拥有一只有教养的、温柔的、安静的猫，一言以蔽之，一只学院派的猫。他们中的大多数会毫不犹豫地在作品里讲述他们与这个小伙伴的故事，例如戈蒂耶的《亲密动物园》（*La Ménagerie intime*）、大仲马的《我的动物的故事》（*Histoire de mes bêtes*）、左拉的《给妮侬的故事》中的“卡特琳娜与弗朗索瓦”，或者皮埃尔·洛蒂的《两只猫的生活》（*Vies de deux chattes*）。早先，蒙克利夫（Moncrif）曾断言：“恨猫对于作家来说是因为它们太平庸。”蒙克利夫在注释中引用了龙沙的颂歌，在其中，诗人表达了对这种动物的厌恶。他从中总结说，诗人被人遗忘并不是什么稀奇的事。在 19 世纪，特别是在法国，正如克里斯特布尔·艾伯康韦在《爱猫者词典》中所记录的，猫成了所有著名或渴望成名的作家的标配。这个十分具有高卢特色的特点可以用长期以来由布丰所推广的笛卡尔主义对猫的抵制来解释。爱猫并使它出名因此成了一种装模作样的原创性，并且成了对资产阶级精神的反抗。而在英吉利海峡的另一边，在每一个称之为

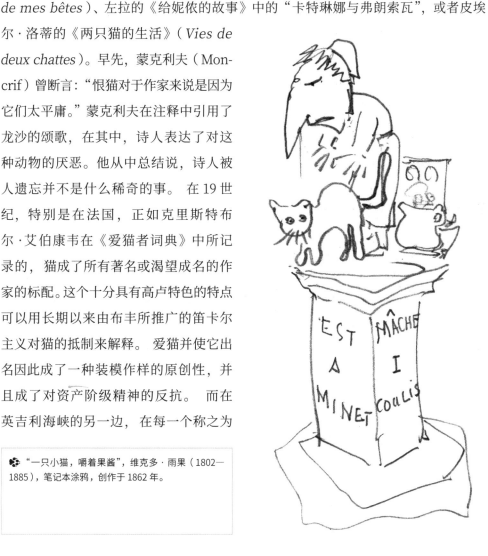

“一只小猫，嚼着果酱”，维克多·雨果（1802—1885），笔记本涂鸦，创作于 1862 年。

家的地方都为至少有一只猫而自豪的国度里，这种现象并没有发生。然而这并不妨碍大量作家，比如沃尔特·司各特、查尔斯·狄更斯或历史学家托马斯·卡莱尔热爱他们的猫。1896年，乔治·多夸（Georges Docquois）出版了一本名为《动物与文人》（*Bétes et gens de lettres*）的书，这本书以施泰因勒著名的黑猫海报为封面，作者将这本书题献给费尔南德·肖（Fernand Xau）。作者查阅了关于左拉、龚古尔、巴雷斯、阿托纳尔·弗朗士（Anatole France，1884—1924，法国著名作家，公共知识分子，社会活动家，1921年诺贝尔文学奖得主。——译者注）、路易斯·里德（Louise Read）——巴尔贝·德·奥勒维利（Barbey d'Aurevilly）的朋友、乔治·库特林、弗朗索瓦·戈贝尔、皮埃尔·洛蒂、都德和马拉美的大量资料。书中涉及的动物千奇百怪，而猫的出现频率则明显占了所有动物的上风。在法国国家图书馆里保存着这本书的两本带有题词的副本——一本献给

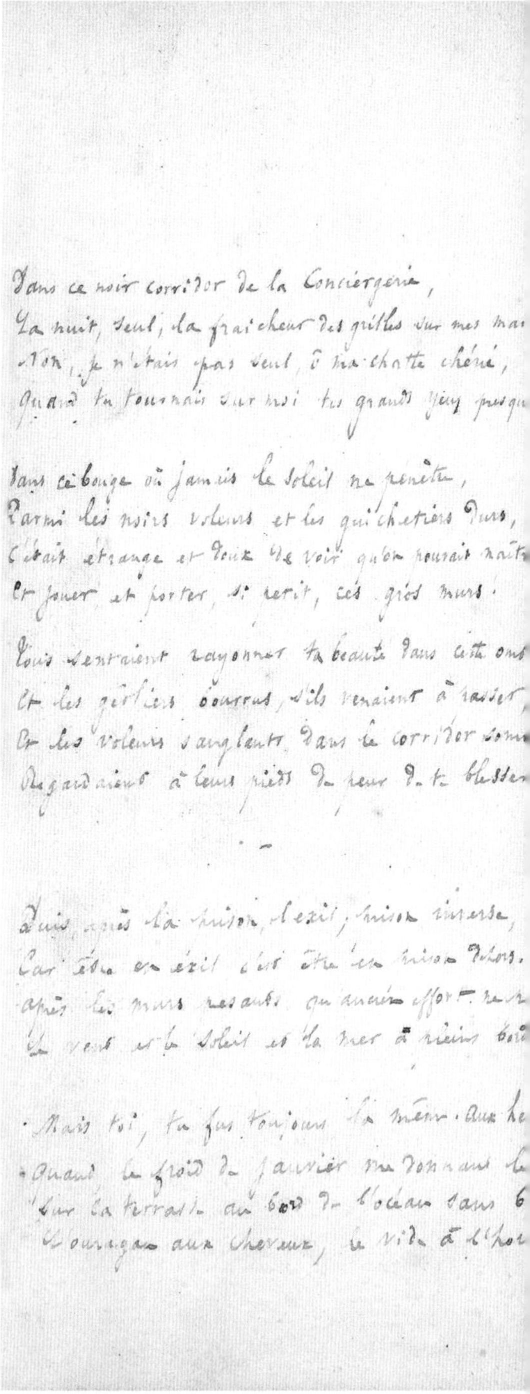
Dans ce noir corridor de la Conciergerie,
La nuit, seul, la fraîcheur des grilles sur mes ma
Non, je n'étais pas seul, ô ma chatte chérie,
Quand tu tournais sur moi tes grands yeux presqu

Dans ce bouge où jamais le soleil ne pénètre,
Parmi les noirs voleurs et les guichetiers durs,
C'était étrange et doux de voir qu'on pouvait naît
Et jouer et porter, si petit, ces gros murs.

Tous sentaient rayonner ta beauté dans cette om
Et les geôliers bourrus, s'ils venaient à passer,
Et les voleurs sanglants dans le corridor som
Regardaient à leurs pieds de peur de te blesser

Puis, après la prison, l'exil, prison inverse,
Car être en exil c'est être en prison dehors.
Après les murs rasants qu'aucun effort ne r
Le vent et le soleil et la mer à pleins bo

Mais toi, tu fus toujours là même. Aux he
Quand le froid de janvier me donnant le
Sur la terrasse au bord de l'océan sans
L'ouragan aux cheveux, le vide à l'hor

维克多·雨果与亲友在泽西岛照片集（1852—1855），查理·雨果摄影，奥古斯特·瓦克里撰文。

奥古斯特·瓦克里（Auguste Vacquerie）——诗人、剧作家、记者，莱奥波特蒂娜·雨果（Léopoldine Hugo）丈夫的哥哥，与保罗·莫里斯（Paul Meurice）一起，是雨果的遗嘱执行人。在雨果流放期间，他经常去泽西岛探望雨果及其家人。在雨果本人及其孩子的陪同和引导下，瓦克里完成了对雨果及其周围亲友的肖像拍摄，这其中也包括了瓦克里的小猫米耶特（Miette）。

Je pensais à ma mère, à ma sœur, à Meurice,
A mon pauvre pays sans honneur et sans loi,
Tu venais brusquement, chère consolatrice
Et pendant un instant je ne pensais qu'à toi.

Oui, je t'aimais vraiment, compagne douce et fière
Rayonnement vivant sur tous les rosiers
Répandant la gaîté, la grâce et la lumière
Consolant les proscrits après les prisonniers.

Et je t'ai franchement pleurée, et c'est à peine
Si je n'ai pas encore de l'eau sous plus d'un cil,
Mais cette fin était digne d'être la tienne
Qu'étant née en prison tu sois morte en exil.

Tu meurs trop tôt pour nous, mais ta vie est complète
Et tu nous as vengés d'assez de deuils amers
Pour mériter la part que le destin t'a faite,
Victor Hugo pour hôte et pour tombeau la mer!

Auguste Vacquerie

Jersey. Juillet 1853.

《罗马小巷与猫》，普罗斯佩 · 梅里美（Prosper Mérimée，1893—1870），水彩、石印版画，小说《卢克雷齐亚夫人街》手稿开头，创作于 1846 年 4 月 27 日。

这本出版于 1873 年的小说中只出现了一只猫，一只看似女巫的老妇的黑猫。然而，这座永恒之城中的猫儿们是十分有名的。而梅里美这位着实爱猫的人，在这幅画中摆放了三只猫用以突出这条罗马街道的特征。

阿托纳尔 · 弗朗士，另一本献给莫里斯 · 巴雷斯（Maurice Barrès，法国 19 世纪末小说家。——译者注）。这本书以口袋本的形式出版于 1985 年，其中涉及的作家有 60 余位之多。自 19 世纪 80 年代起，越来越多的作家访谈出现在了报纸上。通常情况下，这些版面上配有插图。巴尔贝 · 奥勒维利为莱昂 · 奥斯托维奇（Léon Ostrowsky）在 1887 年 1 月 1 日的《插画杂志》（*Revue illustrée*）上摆 pose（姿势），于斯曼（Huysmans）为欧仁 · 德拉特（Eugène Delâtre）创作的黑猫招人耳目。正如在他之后的保罗 · 列奥托德，诗人戈贝尔事实上也一直生活在群猫的簇拥之中。此外，在给马奈和马拉美的好朋友，美丽的梅丽 · 罗兰（Méry Laurent）的信中，他也在信纸上画满了有趣的猫的图案。法兰西学院院士意味着“猫老太太”，而女士是“胖鸟”（见本书第 9、181 页图）。维克多 · 雨果也在他的稿纸边上随手画了些猫（见本书第 173 页图），正如哲学家阿兰、保罗 · 瓦莱里（Paul Valery）（见本书第 180 页图）或克劳德 · 列维–斯特劳斯一样。这最后一位甚至在一件衬衫上写了一篇以“波德莱尔的猫”为主题的文章。女士们也没闲着，从朱迪思 · 戈蒂埃（Judith Gautier，1845—1917，法国女作家、翻译家，戈蒂埃与中国文化颇有渊源，曾编选翻译过一本中国古典诗词集《玉书》。——译者注）、安娜 · 德 · 诺瓦耶（Anne de Noailles）到柯莱特（见本书第 182 页图）。

但柯莱特是无与伦比的，她借小说《猫》（*La Chatte*）中主角之口说：

> 这不只是我抚养的一只普通的小猫咪，它是一只猫之贵族，胸怀天下，彬彬有礼，也博学多识，它们是人类精英的近亲……

《约里斯 · 于斯曼的肖像》，欧仁 · 德拉特（1864—1938），素描，创作于 1897 年。

猫以怪异的形象出现在于斯曼的肩膀上，主宰着画面。作为呼应，德拉特选择了于斯曼的肖像，使黑猫看似坐在放有圣女雕像的壁炉上。这三个形象：作家、圣像和猫处于一个三角形的构图中，洁白的圣女从远方凝望着猫，仿佛等待着时机。

🐾 保罗·瓦莱里（1871—1945），笔记本册页，法学科上涂鸦，蒙彼利埃，创作于 1890 年。

🐾 埃内斯特·德·埃尔维利（1839—1911），寄给喜剧演员蒙瓦勒——格雷万与埃尔维利共同著写的《不幸的好人》中讲述者角色的扮演者。

nrf

18

10

de Beaune — 5, rue Sébastien-Bottin (VII

弗朗索瓦 · 戈贝尔，写给梅丽 · 罗兰（1849—1900）的信，创作于1881年。

安德烈 · 马尔罗（André Malraux，1901—1976），《我喜欢猫》，给让 · 格勒尼耶（1898—1971）的信。

这封谈论《群岛》（格勒尼耶，伽利玛，1933）中的小猫莫罗（Mouloud）的信的开场白仿佛是一个爱猫者的信仰宣言。

柯莱特《猫》，手迹（1936）。

《柯莱特在巴黎皇宫附近的公寓里》，1935 年，阿尔伯特 · 阿兰格（Albert Harlingue）摄影。

猫成功进入了文人的世界，这是猫与波德莱尔笔下的“严肃的学者，像他们一样地怕冷，简出深居”长期融合的结果。长久以来，猫一直能在图书馆里拥有属于自己的一席之地。这是件多么顺理成章的事情，它可是图书馆里老鼠最大的天敌。不言而喻，我们在此处所影射的是小型啮齿动物，而不是读者——这种至今还没有找到有效天敌的、图书管理员的另一个敌人。因此，雅克·德利尔拉比（Jacques Delille，法国 18 世纪著名翻译家、诗人、共济会成员，因将维吉尔的《农事诗》翻译成法语而成名。在法国大革命中地位受到冲击，长时间流亡国外。——译者注）在 1800 年的诗作《致他的猫哈东》[*À sa chatte raton*，出自诗集《农夫与农事诗》（*L' Homme des champs ou Les Géorgiques françaises*）]中历数了自己已经谢世的爱宠的优秀品质，并期待与它重逢：

> 能把苍蝇打飞，能把老鼠赶跑；
> 对那些出言不逊的作家，如此致命。
> 毫不留情地咬它们，不管是迪巴尔塔斯，还是伏尔泰。
>
> （迪巴尔塔斯，1544—1590，文艺复兴时期诗人。主要写作《圣经》题材的法语史诗和加尔文派的诗歌。信奉新教，是胡格诺派信徒。——译者注）

《猫》，雅克 · 拿姆，蚀刻铜版画，为柯莱特《猫》配画，巴黎，创作于 1936 年。

我在此同时引用阿纳托利·法郎士（Anatole France）的小说《波纳尔之罪》（*Le Crime de Sylvestre Bonnard*，1881），作家将如下一番高谈阔论置于故事中一位博学的老藏书家的台词中：

> 哈米尔卡（Hamilcar），书城中假寐的王子，夜的守护人……英勇的又纵情享乐的哈米尔卡，假寐着等待老鼠们在清冽的月光下跳舞的时机，老鼠们跳舞，在博学的博朗门徒们撰写的《圣徒传》（*Acta sanctorum*）的面前。
>
> ［博朗门徒，原文为 bollandiste，《圣徒传》的第一个编纂者是让·博朗（Jean Bolland），因此其后继续编纂《圣徒传》的人都被称为“bollandiste”，即“博朗主义者”，或其门徒。——译者注］

哈东和哈米尔卡的角色绝不仅限于抓老鼠。它们悄无声息地出现，为打字员、作家，特别是诗人，带来了安慰与安详：“诗人的猫，沉着又庄重，就像诗人所期待的那样。”威廉·柯珀（英国 18 世纪广受欢迎的诗人，浪漫主义诗歌的奠基人之一。——译者注）曾在 18 世纪这样写道。十个世纪之前，一位爱尔兰僧侣在一篇手稿的页边上写下了一首赞美自己猫的长诗：

我和我的猫，
做着相同的工作。
它捕捉老鼠，非常快乐；
我捕捉文字，整夜困厄。
那些老鼠哟，被追了一晚；
我的文字哟，不也是如此么？

据说那间自 15 世纪，彼得拉克于 1370 年逝世时所住的屋子之所以会从 15 世纪起成为文学朝圣之处，其中的一个原因是因为一只属于彼得拉克的猫的干尸。两个世纪之后，《耶路撒冷的解放》（*Jérusalem délivrée*）的作者陀奎托·塔索（Torquato Tasso）在深陷迷茫与濒临崩溃时，从一只猫的身上得到了慰藉。塔索后来在一首十四行诗中反反复复地赞美了它。此外，蒙田也曾在《为赛朋德辩护》（*Apologie de Raymond*

Sebond）中写道（出自《蒙田散文·卷二》第 12 章）：

> 当我与猫嬉戏，我们一起度过的时间，孰短孰长？我们做着鬼脸，互相交谈，就像我有时陪它玩，有时又拒绝它，它也有着自己的时间。

同一时期，约阿希姆·杜·贝莱（Joachim du Bellay，法国文艺复兴时期诗人、七星诗社成员，彼得拉克作品最早的法语译者。——译者注）写了“关于一只小猫之死的法国诗”，这是一首献给他的宠猫贝洛（Belaud）的悼词。出版之前，他把这首诗以《猫的墓志铭》（*Epitaph d'un chat*）为名寄给了朋友奥利维耶·德·马尼（Olivier de Magny），这首诗收录于诗集《乡村游戏》（*Divers jeux rustiques*，1558）中。贝莱由此开创了一个经久不衰的创作主题，即“猫的墓志铭”。在接下来一个世纪里，弗朗索瓦·梅纳德（Francois Maynard）也郑重其事地写了一篇“猫的墓志铭”。在此之后，我还能举出多梅内克·巴莱斯蒂尔（Domenico Balestier）的《为去世爱猫留下的眼泪》（*Lagrime in morte di un gatto*，1741）、托马斯·格雷（Thomas Gray）的《爱猫之死的颂歌》（*Ode sur la mort d' un chat favori*，1748）、克里斯蒂娜·罗塞蒂（Christina Rossetti）的《一只猫的死亡——纪念它与我相伴的十年》（*On the Death of a Cat, A Friend of Mine Aged Ten Years and a Half*，1846）或托马斯·哈代的《留给宠物的遗言》（*Last Words to a Dumb Friend*，1904）。波德莱尔开拓了猫在诗歌中的形象的新维度。尽管他只写了三首以猫为主题的十四行诗，这三首诗分别收录在《恶之花》和散文诗集《时钟》里。在反反复复诵读，甚至将它们的旋律刻在脑海中之后，我们就几乎是看遍了各种各样的咏猫诗，弗朗索瓦·科佩（Francois Coppee）的、艾德蒙·罗斯坦（Edmond Rostand）的、弗朗西斯克·萨尔塞（Francisque Sarcey）的，甚至是济慈的、斯威本（Swinburne）的，马拉美的、夏尔·克罗的，或是儒勒·拉弗格（Jules Laforgue）的。我们还想在这个长长的名单里加上伊波利特·丹纳（Hippolyte Taine，法国 19 世纪著名哲学家，文艺评论家，代表作有《艺术哲学》，是地理决定论的代表。——译者注）的名字，作为“严肃学者”的典型，他献给“小黑喵喵”的十四行诗，在他去世后，在违背作者意愿的情况下被《费加罗报》发表了出来。这就是我们要向 T.S. 艾略特、保罗·艾吕雅、罗贝尔·德斯诺、雅克·普雷维尔，当然还有雷蒙·格诺（Raymond Queneau）——诗歌《战斗》（*Battre la campagne*）的作者致以谢意的原因：

懒洋洋的猫就像敏感的温度计，
盯着取暖电炉。

他的两句诗将猫从怪诞反常的文学情境中带回到了平常生活中。

为猫着墨，对于作家来说似乎是一件自然而然的事情，且无论结果如何也都很快乐。霍夫曼出版于1820—1821年的《雄猫穆尔的生活观》于1832年由阿道夫·勒夫-威玛斯（Adolphe Loeve-Veimars）翻译成法语。这本书因为作者的辞世而未能完成，而他的宠猫穆尔也先于他不久去世了。这本书看似是一只诗人猫创作的未完成的自传，但它实际上是一本模仿歌德风格的讽刺小说。书中假设的编辑，声称得到了穆尔的一份手稿，手稿里混杂着他的主人——乐队指挥约翰内斯·克莱斯勒（Johannes Kreisler）的传记。这位指挥似乎就是霍夫曼自己一生的写照。在这之前的几年——1793年，霍夫曼的好朋友路德维希·蒂克就已经在《穿靴子的猫》（*Der gestiefelte Kater*）中让猫当上了文学批评家。1841年，巴尔扎克在皮埃尔·儒勒·埃策尔（Pierre Jules Hetzel，法国19世纪重要的出版家，儒勒·凡尔纳的发现者，巴尔扎克《人间喜剧》、司汤达《红与黑》等重要文学作品的出版人。——译者注）编纂的文集《动物的私生活和非私生活》（*les Scènes de la vie privée et publique des animaux*）中发表了小说《一只英国猫的苦难》，埃策尔也在这本书中以P.-J. 斯塔尔（P.-J. Stahl）为笔名发表了《一只法国猫的奇遇》（*Aventures d' une chatte française*）。这两个故事仿佛呈现出了两只猫的回忆，一只叫伯蒂（Beauty），一只叫米耐特（Minette）。阅读这本书时，我们仿若置身于虚构和对现实的讽刺之间。我们惊讶地在于1858年由阿歇特出版社出版的《比利牛斯山之旅》（第二版）（*Voyage aux Pyrénées*）中发现了由泰纳（Taine）创作的短文《一只猫的生活与哲思》（*Vie et opinions philosophiques d' un chat*）。作品的主角是一

《然格里诺先生》，蒙马特画家欧仁·德拉特收集的日本木刻版画。他的第一批版画作品可以回溯到1890年。猫在此中占有一席之地。

Mr Ginguelino

只生活在农场里的猫，它严酷的讲述似乎预示了奥威尔（Orwell）著名的反乌托邦小说《动物农场》的出现。奥威尔的作品是批判斯大林主义的哲学寓言，而泰纳的作品则似乎是对拿破仑三世统治的批判。在日本明治时代晚期，夏目漱石以一位穷教师家的猫为主角，创作了小说《我是猫》。作品起初以连载的形式发表于1905—1906年。小说的开头——“我是一只猫，尚未有名姓，不知生何处”在日本文化中一直保持着极高的知名度。在1935年和1975年，《我是猫》曾两度被改编成电影。在《家有猫狗》（*Mel jsem psa a kocku*，1939）这部于作者死后一年出版的遗作里，捷克作家卡雷尔·恰佩克（Karel Capek，捷克20世纪著名科幻文学家、童话寓言家、新闻记者，其代表作科幻剧《罗素姆万能机器人》是西语中“机器人”（robot）一词的来源。——译者注）略带轻蔑却热情地提出了一只猫对于他的主人——一个没什么灵感的作家的看法。在传统讲法上，关于猫的题材几乎已经被说尽了，然而夏尔-阿尔贝·森格里亚（Charles-Albert Cingria，1883—1954，瑞士法语散文家。——译者注）依然将它在自己的《野猫笔记本》（*Le Carnet du chat sauvage*）里翻了新。这本书于2001年由皮埃尔·阿列克钦斯基（Pierre Alechinsky）配上了插图。据雅克·雷达（Jacques Réda）总结，森格里亚笔下的猫生来“有着深厚的文化修养、卓越的幽默感、良好的教养”，并没有经历一个从普遍的猫性到“最日内瓦”的人文主义的转变。

让猫或其他动物说话对于童话来说是一种司空见惯的文学手法。爱猫人士总是能听到他们的猫在沉默的外表之下的焦虑与苦恼，这对于他们来说几乎已经成了一种周期性的幻觉，就像夏尔·克罗在自己的诗集《檀香木匣》的《致猫》一诗中所写的：

为何如此宁静？
你可会拥有解开问题的钥匙？
那些在时光流传中，
让我们面色发白、心灵颤动的问题。

在埃尔托尔·休·芒罗（Hector Hugh Munro，1870—1916）以“萨基”（Saki，英国20世纪初小说家、记者，以短篇见长，作品以19世纪末、20世纪初的欧洲社会生活为主。构思巧妙，结尾经常出人意料。——译者注）为笔名创作的一篇小说中，一个颇有些异能的科学家被邀请到一次优雅的乡间聚会中，展示对猫的最新训练成果。然而，托博莫里（Tobermory）——这只在人们不注意的时候听到过每一个人的隐私的猫，在这一群高贵的观众面前却毫不犹豫地直言不讳，讲出了一些相当具有讽刺性的证据，以证明自己的语言能力。这使得人们下定决心要杀死这只可怜的猫，因为它已经变成一种不安的隐患。托博莫里一定程度上启发了捷克导演沃依特赫·雅斯尼（Vojtech Jasný，捷克电影“奇迹一代”的先驱者，捷克新浪潮运动的奠基人。——译者注）的电影《卡桑德拉猫》。这部电影于1963年摘得戛纳电影节评审团奖。影片的主角是一只神奇的猫，它戴上魔法眼镜就能看穿人心。电影里的人们在它的眼镜里现了原形：小偷变成灰色，不忠诚者变成黄色，恋爱中的人变成红色。韦伯斯特（Webster）——这只P.G.伍德豪斯［P.G.Wodehouse，1881—1975，英国幽默小说家，下文提到的猫出现在其著名幽默连载小说《万能钥匙》（*Jeeves and Wooster*）系列中，小说于1990年起被改编成情景喜剧，经久不衰。——译者注］笔下的猫，是一只被当时英国主教的叔叔寄养在滑稽的伯蒂·伍斯特（Bertie Wooster）家里的猫。韦伯斯特不会说话，因为他的作者伍德豪斯没有他的前辈萨基胆子大，但是它依然用它沉默的抗议和高傲的斜睨迫使伯蒂这个已经被他的男仆吉夫斯（Jeeves）管得团团转得可怜人改掉了夜间出游得习惯。而贝阿特利克斯·贝克（Béatrix Beck）的《猫孩子》也讲述了一只被故事的讲述者——一位退休教师收养的猫的故事。这只猫来自一个有点巫术背景的老太婆，它学习人类语言的极高天赋表现出对人性极大的热情和渴望。一连串接踵而来的遭遇在故事的最后使这只傲慢的猫最终回归了猫性和动物的自然状态。以上这些例子可以使我们下一个结论：说话的猫是惹是生非且带有潜藏的危险的，因为和狗相反，猫总是不知道或不想老实待在自己的位置上。假设我们可以将它归置在一个位置上，我们会看见这只猫在希罗尼穆斯·博斯的《人间乐园》（*Jardin des délices*）中，独自走出伊甸园，在这幅现存于普拉多博物馆的三联画的左下角，嘴里叼着一只老鼠，准备遵循物种之间神圣的博爱原则，放过这只老鼠或……

《猫》，宋紫石（1716—1786），上色木刻版画，出自《古今画薮》第二部分第五辑，创作于 1771 年。

后记

当我的眼睛望向挚爱的猫咪，
那吸引力仿佛磁石发出的磁力，
我亦步亦趋地追随它，
然后又回首望向自己。

我惊奇地看到——有火，
在它那苍白的瞳仁里，
火华石啊，夜明灯，
它凝视我，静默不语。

在卷帙浩繁的文学史中，大量的文学作品都曾赞美过猫的眼睛，并将它与斯芬克斯做比较。波德莱尔《恶之花》中的《猫》显然是它们中最有表现力的一首。“沉思”这个词，带着它的双重含义，仿佛就是为猫的双眸所创造的。而对待它那数不胜数的赞美者，就像对待它那些不怀好意的诋毁者一样，猫始终沉默不语。它的眼睛从不会向他们多投去一丝目光，就像保罗·艾吕雅在《猫》一诗中所写的：

当猫跳舞，
那是为了挣脱它的牢笼；
当它思考，
它的目光甚至穿透整堵墙壁。

因为我们必须服从这个事实，不论是面对诋毁还是描述，珍爱还是驱赶，猫都远远走开了。

孑然一身。

《独来独往的猫》，拉迪亚德·吉卜林（1865—1936），出自《丛林故事》，由作者亲自绘制插画，法语译者为罗伯特·德·于米埃尔、路易·法比莱，巴黎，创作于1941年。

这是猫踩着野树林间潮湿的小路远走的景象，摇着尾巴，独自一人。

致谢

本书是在对我们的主题，或者说我们这本书的主角——猫，强烈的热情的指引下努力而成的结果。

我将最深切的谢意献给法兰西学院的皮埃尔·罗森博格先生，他热情地为本书写下了风趣而博学的序言。没有人比《猫与调色板》的作者更适合为本书作序了。同样的谢意献给他的助手克洛迪娜·勒布伦（Claudine Lebrun）。

在法国国家图书馆，我从我的同事们身上受益良多，他们在精神上给予我莫大的支持，并在知识上为我提供了大量指导。我首先要感谢布吕诺·塞内（Bruno Racine）先生，法国国家图书馆的馆长；雅克利娜·桑松（Jacqueline Sanson）女士，常务馆长；德尼·布鲁克曼（Denis Bruckmann），藏品部主管；格里耶·蒂埃里（Grillet Thierry），文化传播负责人；若瑟兰·博拉利（Jocelyn Bouraly）先生，出版与商业合作部主任。我的感谢同样要献给蒂埃利·德尔古（Thierry Delcourt），手稿部主任；玛丽-洛尔·普雷沃（Marie-Laure Prévost），现代与当代手稿部负责人；茜尔维·奥伯纳（Sylvie Aubenas），版画与摄影部主任——三位不折不扣的爱猫人士。我要向国家图书馆的许多同事表示感谢，他们为我提供了建议与信息：版画部的吉塞勒·朗贝尔（Gisèle Lambert）、马克西姆·普雷奥（Maxime Préaud）、玛丽-埃莱娜·珀蒂富尔（Marie-Hélène Petitfour）、安妮·玛丽·绍瓦热（Anne Marie Sauvage）。我还要特别感谢硬币、纪念章、古董部的玛蒂尔·阿维索-布鲁斯泰（Mathilde Avisseau-Broustet）。让-皮埃尔·阿涅尔（Jean-Pierre Aniel）、玛丽·泰蕾兹·古塞（Marie Thérèse Gousset）和妮科尔·弗勒里耶（Nicole Fleurier）参与了对上色手抄本中猫的形象的查找与整理，克莱芒特·皮埃尔（Clément Pieyre）、卡特琳·费弗尔·阿尔切尔（Catherine Faivre d' Arcier）和玛丽-洛尔·普雷沃在当代手稿中做了同样的工作，韦罗妮克·贝朗热（Véronique Béranger）、小杉惠子（Keiko Kosugi）和安妮·韦尔奈-努里（Annie Vernay-Noury）则为东方手稿做了同样的工作。我不会忘记弗朗索瓦·阿夫里尔（François Avril），手稿部名誉馆员，国际公认的中世纪彩绘专家，一位坚定的爱猫人士，他十五年如一日的支持与指导是我宝贵的财富。感谢玛丽-弗朗索瓦·达蒙若（Marie-Françoise Damongeot）、玛丽·奥迪勒·热尔曼（Marie Odile Germain），以及克莱芒特·皮埃尔，感谢他们认真而友好的审读。

感谢法国国家图书馆出版社同人们的努力，皮埃雷特·克鲁泽-多拉（Pierrette Crouzet-Daurat）为这个项目投入了长时间的热情与精力，她与我要特别感谢的，我们的意大利联合出版人保拉·加莱拉尼（Paola Gallerani）一起，领导、监督并挑选了本书插图，以及翻译、校订工作。她们对本书细致入微的审读起到了非常重要的作用。她们要在此鉴证我对以下同事的感谢：哈迪嘎·阿格朗（Khadiga Aglan）和卢多维克·巴图（Ludovic Battu），他们保证了本书的图片效果；同时不要忘记出版部的弗雷德里克·萨沃纳（Frédérique Savonna）和菲利普·萨兰森（Philippe Salinson）。伊莎贝尔·奥利弗（Isabel Oliver）认真负责地领导了本书英文版的出版工作，正如保拉·加莱拉尼在同一时期为本书的意大利文版所做的那样。感谢让-皮埃尔·安德森（Jean-Pierre Andrevon），在克莱芒特·皮埃尔的引荐下，他向国家图书馆捐赠了自己的作品。我还要感谢苏珊·多拉（Suzanne Daurat）、焦万纳·奇蒂-埃贝（Giovanna Citi-Hebey）、帕斯卡尔·马索尼（Pascal Massoni）和苏菲·萨卡坎-莫拉（Sophie Sacquin-Mora）对我方方面面的帮助。

《下楼的猫》，弗朗斯·马瑟雷尔（Frans Masereel，1889—1972），木刻版画，出自《巴黎，这座城市》插画，阿尔伯特·莫朗塞出版社，巴黎，创作于 1925 年。

画展请柬及有猫装饰的信封，施泰因勒，创作于1903年。

同上《六点半了！谁？是谁忘了我的早餐？》，让-皮埃尔·安德森，出自《安德森的猫》插画，创作于1991年。

参考文献

FRANÇOIS-AUGUSTIN PARADIS DE MONCRIF, *Les Chats*, Paris, 1727.

JEAN GAY, *Les Chats, extraits de pièces rares et curieuses en vers et en prose*, Paris, l'auteur, 1866.

JULES HUSSON dit CHAMPFLEURY, *Les Chats, histoires, moeurs, observations, anecdotes...* Paris, J. Rothschild, 1869.

GASPARD-GEORGES-PESCOW, marquis de Cherville, *Les Chiens et les chats d'Eugène Lambert*, avec une lettre-préface d'Alexandre Dumas [...] et des notes biographiques par Paul Leroi. Ouvrage illustré de 6 eaux-fortes et 145 dessins par Eugène Lambert, Paris, Librairie de l'art, 1888.

MARIUS VACHON, *Les Chats, esquisse naturelle et sociale. Tableaux et dessins d'Henriette Ronner*, Paris, Boussod, Valadon et Cie, 1894.

GEORGES DOCQUOIS, *Bêtes et Gens de lettres*, Paris, Flammarion, 1896.

THÉOPHILE STEINLEN, *Des Chats*, Paris, Flammarion, 1898. 26 «dessins sans paroles» initialement destinés à la *Revue du Chat noir* de Rodolphe Salis.

GEORGES LECOMTE, *Steinlen. Chats et autres bêtes. Dessins inédits*, Paris, Eugène Rey, 1933.

PAUL MÉGNIN, *Notre ami le chat: les chats dans les arts, l'histoire, la littérature, histoire naturelle du chat, les races de chats, chats sauvages, chats domestiques, les maladies des chats, le chat devant les tribunaux, chats modernes*, préface de François Coppée, Paris, J. Rothschild, 1899.

ATHENAÏS MICHELET, *Les Chats*, introduction et notes de Gabriel Monod, Paris, Flammarion, 1902, Paris, La Part Commune, 2003.

CHRISTABEL ABERCONWAY, *A Dictionary of cat lovers, XV century B.C.-XX century A.D* Londres, Michael Joseph, 1949.

MARCEL UZÉ, *Le Chat dans la nature, dans l'histoire et dans l'art*, Paris, Éditions de Varenne, 1951.

GERMAINE MEYER-NOISEL, «Le Chat dans l'ex-libris», dans *L'Ex-libris français*, 4e trimestre 1952, n°29.

FERNAND MÉRY, *Le Chat, sa vie, son histoire, sa magie*, Paris, Pont Royal, 1966.

FRANCIS KLINGENDER, *Animals in Art and Thought to the End of the Middle-Ages*, Londres, Routledge and Kegan Paul, 1971.

CLAIRE NECKER, *Four Centuries of Cat-Books*, Metuchen, New Jersey, Scarecrow Press, 1972.

SAMUEL CARR éd., *Poetry of cats*, Londres, Batsford, 1974.

KENNETH CLARK, *Les Animaux et les Hommes*, Paris , Tallandier, 1977.

JULIETTE RAABE, *La Bibliothèque illustrée du chat*, Paris, La Courtille, 1977.

MICHÈLE PROUTÉ, «Le Chat de Mademoiselle Dupuy», dans *La Gazette des Beaux-Arts*, septembre 1979.

JOHN P. O'NEILL, *Metropolitan Cats*, New York, Metropolitan Museum of Arts/H. N. Abrams, 1981.

LOUIS NUCERA, *Les Chats, il n'y a pas de quoi fouetter un homme*, Paris, Scarabée, 1984.

MARCEL BISIAUX et CATHERINE JAJOLET, *Chat Plume, 60 écrivains parlent de leur chat*, Paris, Horay, 1985.

JACQUES PIERRE, *Le Chat et les Artistes, anthologie*, Angers, La Taverne aux poètes, 1985.

ELIZABETH FOUCART WALTER et PIERRE ROSENBERG, *Le Chat et la Palette : le chat dans la peinture occidentale du* XVe *au* XXe *siècle*, Paris, A. Biro, 1987.

ANNIE DE MONTRY, *Chat Pub. Cent ans d'images de chats dans la publicité*, Paris, Aubier, 1988.

DOMINIQUE BUISSON et CHRISTOPHE COMENTALE, *Le Chat vu par les peintres, Inde, Corée, Chine, Japon*, Paris, Lausanne, Vilo / Édita, 1988.

JULIET CLUTTON-BROCK, *The British Museum Book of Cats, ancient and modérn*, Londres, British Museum Press, 1988.

PIERRE FAVETON , *Le Chat*, Paris, Ch. Massin, 1988.

MICHAEL I. WILSON, *V&A Cats*, Londres, Victoria and Albert Museum Publications, 1990.

FABIO AMADEO, *Le Chat, Art, Histoire, Symbolisme*, Paris, R. Laffont, 1990.

FRANÇOIS FOSSIER, *Steinlen Cats, with artwork from the collections of the Bibliothèque nationale*, New York, H. N. Abrams, 1990.

LAURENCE BOBIS, *Les Neuf Vies du chat*, Paris, Gallimard, 1991.

MARK BRYANT, *The Artful Cat*, Londres, Apple Press, 1991.

JOHN NASH, *Cats*, Paris, Londres, RMN / Zwemmer, 1992.

KATHLEEN ALPAR-ASHTON, *Histoires et légendes du chat*, préface de Leonor Fini, Paris, Tchou, 1973.

ROBERT DE LAROCHE, *Histoire secrète du chat*, Paris, Casterman, 1993.

LUC FERRY et CLAUDINE GERMÉ, *Des animaux et des hommes, anthologie des textes remarquables, écrits sur le sujet, du* XVe *siècle à nos jours*, Paris, Librairie générale française, 1994.

MICHÈLE SACQUIN, *Chats de bibliothèque*, Paris, Albin-Michel, 1995.

DONALD ENGELS, *Classical cats. The rise and fall of the sacred cat*, Londres et New York, Routletge, 1999.

LAURENCE BOBIS, *Le chat, histoire et légendes*, Paris, Fayard, 2000.

JACQUES RÉDA, JACQUES BERCHTOLD, JEAN-CARLO FLÜCKIGER, *Chiens et chats littéraires chez Cingria, Rousseau et Cendrars*, Genève, La Dogana, 2002.

JAMES HENRY RUBIN, *Impressionnist Cats and Dogs: Pets in the Painting of Modern Life*, Yale, Yale University Press, 2003.

LAURENCE BOBIS, *Une histoire du chat de l'antiquité à nos* jours, Paris, Le Seuil, 2006.

ELIZABETH FOUCART-WALTER et FRÉDÉRIC VITOUX, *Chats*, Paris, Musée du Louvre Éditions / Flammarion, 2007.

FRÉDÉRIC VITOUX, *Bébert ou Le chat de Céline*, Paris, Grasset, 2008.

FRÉDÉRIC VITOUX, *Le Dictionnaire amoureux du chat*, Paris, Plon, 2008.

图片授权声明

本书所有图片均出自法国国家图书馆馆藏文献，由国家图书馆出版部拍摄图片（以下页码为原版书页码）。

Toutes les œuvres reproduites dans cet ouvrage sont conservées à la Bibliothèque nationale de France et ont été photographiées par son département de la reproduction. Les chiffres renvoient aux pages.

本书封面：《猫》，宋紫石，上色木刻版画，出自《古今画薮》，第二部分第五辑，创作于 1771 年。

环衬页图：《猫》，歌川广重（1797—1858），木刻版画，创作于 1850 年，乔治 · 马尔托（Georges Marteau）收藏。

同上第一页：《动物志：猫》，出自《医药词典》，1368 年，扎伊 · 安萨里，上色手抄本，孟买，约创作于 1849 年。

同上第二页：《猫与线团》，施泰因勒，版画，为《猫》配画，创作于 1898 年。

同上第四页：《猫》，施泰因勒，石印画，《无对白漫画》封面背面，创作于 1898 年。

Six heures et demi !
Qui c'est qui oublie
mon petit-déjeuner ?